谨以此书献给
同济大学 110 周年校庆
同济大学建筑与城市规划学院 65 周年院庆

「伊」

CAUP 的 女 教 授 们

同济大学建筑与城市规划学院 编著

同济大学 出版社
TONGJI UNIVERSITY PRESS

序言

伊这个字通常是用来指代"她"，并且是那个让人怀有仰慕之情的"她"，这个字如果用在充满了艺术气息的女教授身上，就更能显出其丰厚的知识底蕴和优雅的气质与风格。在同济大学建筑与城市规划学院（简称 CAUP）就有着这样一群女教师的代表，她们从事着建筑学、室内设计、历史建筑保护、城乡规划、风景园林和雕塑、绘画等富有艺术创作力的工作。用她们更为细腻和带有更多感情色彩的独特视角，在工作中发现和创造更多的美，也给身边和周围的人们带来更多美的享受。平时，常常能看到她们把大量的时间和精力投入到教学中，不仅在课堂上传授知识，更是用心与学生们分享所创造的知识，在学院教书育人中发挥着重要且独特的作用。同时，在中国快速城镇化发展进程中，创造美好的城乡人居环境成为一项非常紧迫的任务，这些女教授们正好发挥了她们善于发现美、创造美的特点和优势，活跃在社会的各个舞台，从大到整个城市、风景区、城市的一个历史街区，小到一座建筑、一件家具、一座雕塑，都在努力并充分发挥着她们的聪明才智，用智慧向人们展示着她们创造的美好人居环境。她们还是活跃在国际学术舞台上的天使，用她们美丽的声音向整个世界讲述着中国的美好故事。可以说，在学院人才培养、科学研究、国际交流、社会服务和文化传承等各方面都有她们活跃的身影和她们源源不断呈现出来的成就。我从书中读着她们那些娓娓道来的小故事，即便是点滴的小细节，也能从中感受到她们对生活的热爱、对工作的认真和对事业的追求，感受到她们乐在其中的享受和陶醉。

今年正值同济大学建校 110 周年和 CAUP 建院 65 周年，本书的出版可以让更多的人感受到这些美，并且得以广泛传播。在此，我也要感谢 CAUP 所有的女性教职员工们，正是有了你们，CAUP 这个大家庭才更加温馨，也衷心地祝愿所有的你们越来越美。

彭震伟
同济大学建筑与城市规划学院教授
党委书记

目 录
contents

01 陈 蔚 镇 CHEN WEIZHEN

同济大学建筑与城市规划学院城市规划系工学博士
加拿大英属哥伦比亚大学区域与社区规划系访问学者

现任

同济大学建筑与城市规划学院景观学系
– 教授、博士生导师
美国麻省理工学院地产创新实验室 (MIT/STL)
– 战略委员会委员
国家科学技术部可持续发展实验区专家委员会
– 委员
国家住房和城乡建设部绿色建筑专家委员会
– 委员

研究方向

生态城市设计、文化旅游规划

我和妹妹名字中都有蔚，她是蔚文，我是蔚镇，她当了
作家，我学了城市规划。蔚是海洋、天幕的颜色，天性
中我热爱一切蓝色，真是一切。当然除了蓝，"蔚"也指
有文采，"其文蔚也"；还指"茂盛，荟聚"，特别有生机的
样子。希望不辜负父辈的期望，做一个质朴的学者。

/ 在纽约街头

这是一座奇特的城市。
每个人有每个人的感受和评价。我们在这里
生活、游历、漂泊。我们对她向往、留恋、厌
倦。我们都是纽约客，或者都是在乎她的人。

人性是遥远的未来

小时候住的那个大院，道路以经纬命名，我住在一经路与二纬路交叉口的一幢二层筒子楼里，28栋。每家对门南北两间房，对开，中间一条大公共走廊。夏天，家家户户把吃饭的小桌子倚着纱门摆。走廊很长，除了尽头的那团亮光，就是每扇门前的一角光和纱门的影。我和妹妹吹着穿堂风，吃着天天一样的番茄炒蛋，听隋唐演义。楼下朝北的那面有几处养了鸡鸭的小园子；楼下朝南临马路有一大块水泥地是孩子们的天堂，大伙一起跳皮筋、丢沙包、攻飞机城。

大院非常大，什么都有，澡堂、食堂、冰室、影院、卫生室、保育院、学校，还有警卫站岗的好几重院落。大院的路窄窄的，间续有些铺面。豆腐脑店周末才开，颤颤巍巍的白豆腐用铝制的小勺子片；肉店几块肉总是很神气地躺着；街角食品店的柜台上站着一溜五颜六色的玻璃罐子，珠珠糖、盐渍姜粒、撒满糖粉的话梅。很早母亲就让我们自己上下学，大班的我接中班的妹妹，门钥匙挂脖子上。遇到下雨，总有热心人打着伞送我们回家。父亲是军人，每月探亲的那几天我得跟着他去跑早操，浓荫密密的路两旁，槐树、粉色的毛球树、白紫色的泡桐树轮番地开，在馥郁的花香中一闪就过了四季。一个不大不小的省会城市，藏了我以为的一切美好生活。北岛在早些年的一篇访谈中曾说过童年经验决定人的一生。记忆像迷宫的门，追溯童年经验就是一个不断摸索、不断开门的过程。伦佐·皮亚诺也曾说过："我们了解的一切事情都是孩提时期得到的，这意味着我们要花费一生的时光去挖掘童年的记忆"。

于我，一切的学识也是从我的童年出发，走向远方。它是我的起点，亦是终点。

多年后，因为工作借调去住建部，部院成为我北京生活的一切。白天在部里上班，傍晚在食堂吃饭，然后散步回我住的乙三号，每次路过那个闪烁着红色招牌的浴室都会有点恍然。童年生活的那个大院早已被充填得面目全非，我也一路漂泊得渐行渐远，在这却触到了一种久违的气息，一种温暖的人情。尽管那是2007年，北京正踌躇满志地迎接奥运，到处都是大工地。乙三位于大院的核心，算比较新的几栋高层，和乙一、乙二一起围着个小花园。旁边的多层裙房中有一条迷你商业街，浙江人开的包子铺，山东人的蔬菜店，卖老北京酸奶的杂货铺，我常去光顾，那是一种妥帖生活的味道。有时候中午回去休息，还能碰见我们老司长气宇轩昂地端着一叠旧报纸出来卖，他也住乙三，楼斜对面就有个废品收购站。最称奇的是一个靠拾废品生活的老爷爷，有点衣衫褴褛的他像一个迷，没人知道他住哪儿，但一定是院里。部大楼的门脸临着三里河路，这是我最喜欢的一条路，尤其槐花开或银杏叶落的季节。马路对面的回字形楼宇群是北京第一批"社区型"的建筑，大名鼎鼎的百万庄小区，据说诗人食指曾住过那。半围合的小区里有些好吃的小饭馆，酸萝卜鱼头、春饼，常和朋友打完球后一起去吃……在北京的那一年半，日色都变得慢了。

去年岁尾看了一部电影《驴得水》，影片中人性丑陋的直白刻画让人感到害怕，曲终人散，当周遭的人嬉闹着散去，我更觉得孤独。任何时代，最值得忧虑的难道不是人性的漠然？所幸童年有爱，那是"文革"后伤痕文学盛行的时代，人性在一点点复归。城市生长散漫，容得下卑微、芜杂，各式各样小而全的单位社区和蛛网一样的小街巷混杂，最重要的是，每个人内心都有一条他／她的香椿街。三里河路方圆几里的天地，也许因为某种紧密的地缘关系而变得亲切，它让我想起生活原来的样子。

2014 年，我去英属哥伦比亚大学（简称 UBC）访学。温哥华没有大牌的建筑师或规划师，只有 200 多名社区规划师，他们朴素、美好，正如同独树一帜的"温哥华主义"。一次会上，遇见负责温东社区规划的女孩，一位 UBC 社区与区域规划系毕业的研究生，演讲的结尾是一张她站在极简陋的小楼前冲我们笑的照片，那是她的办公室，门前挂着一块"农家花园"（Farm Garden）的牌子，就像任何一处你在乡村能够看到的菜畦那样。我曾去过一次东区，去时天色暗沉，后来走着竟下起雨来，即便这样也掩盖不了飘荡着的那些大麻气味，街上行人苍白、颓废，穿松垮的大衣，这和我住的 UBC 相比真有点像个黑暗世界。那个女孩可不这么看，因为温哥华是加拿大第一个允许在路边花园种植食物的城市，东区在畸零空间或荒废地上已经辟出了 20 几块小社区农园，她办公室门前的那块农地每个周末可以供给一个社区食堂的蔬菜用量。社区食堂在规划中的目的是为了扶持本地社区经济生长的空间，工作的人会有微薄的收入，流浪的人每周可以来领几次免费午餐。她还提到温哥华市议会已经通过的《后院母鸡饲养的指导方针》，这将是下一步计划。它让我想起小时候后院那几只无忧无虑的母鸡，想起《种树的牧羊人》中那个在孤寂中复活了普罗旺斯高地的人，人类除了毁灭，还可以像上帝一样创造。

我在 UBC 的导师是约翰·弗里德曼（John Friedmann），一位可爱的长者，一位深邃的规划哲学家，他非常了解中国，所著《转型中的中国》（China's Urban Transition）很早就完成了翻译，却因种种原因没能在中国正式出版。他对我说过最多的话恐怕就是"规划什么都不是"（Planning is nothing）。在温哥华，任何一个人都有权利呈现各自对城市的视角与审美并影响着城市，城市原本就是一部公众历史，规划则是一个以公众为书写者，共同完成对城市的集体记忆并赋予愿景的过程。那段访学经历滋养了我的性灵，我想做一个朴素的人远比做一个所谓精英的规划师更重要，前者会俯身思考"一个地方，那里的儿童......有清新的空气和可探索，可利用他们的想象力，有玩耍的自由并创造属于他们的世界形态"；后者却只会高谈阔论城市可持续发展的若干重要原则或者停留在云端的人本主义。

小时候常常幻想自己未来可能会成为的角色，是父母期待的外交官？或是自己内心最钟意的小说家、美食作家？

其实到今天，我依然不知道答案。隐约的我只能辨别那个方向，那个童年的光亮。如果成长是永远、不停歇的，那唯一肯定的东西就只有那个方向。

黑塞在《德米安》中提及阿布拉克萨斯，它既是上帝也是魔鬼的神，是"光明"与"黑暗"或者"这个世界"与"那个世界"。在我的生命中也始终面对这样的困境：两个世界，一个美好、干净、完美无缺；另一个则充满无法解释的险恶与恐惧。但是天性却让我常常着迷地陷入黑暗世界，而去质疑那些光明世界看来有价值的东西，大部分时候我会觉得那是一种虚伪。

每个生命都是通向自我的征途，城市何尝不是如此？如果这不只是一种职业，而是一种人生，我会更热爱规划。

1	2
3	4
	5

1 2016 年 3 月在麻省理工学院城市规划系 China Talk 系
列讲座——从住区到社区 – 中国社会责任地产的语境、表
征与实践

2 2014 年 9 月纽约

3 2015 年 12 月苏州新加坡工业园区公共空间调研

4 2016 年 4 月硕士研究生论文答辩会

5 2013 年 6 月 CAUP 毕业典礼

学术年表

1994	获同济大学建筑与城市规划学院城市规划专业学士学位
1994—1995	深圳市城市规划设计研究院规划师
1998	获同济大学建筑与城市规划学院城市规划专业硕士学位
2002	获同济大学建筑与城市规划学院城市规划专业博士学位
2007—2008	国家住房与城乡建设部工作借调
2008—2014	同济大学建筑与城市规划学院景观学系任教
2014	加拿大英属哥伦比亚大学社区与区域规划学院 访问学者
2016—至今	同济大学建筑与城市规划学院景观学系任教

主持科研

2009
国家"十一五"科技支撑计划课题"低碳社区建设关键技术集成研究",子课题负责人
国家"十一五"科技支撑计划课题"崇明低碳经济发展关键及时研究与集成应用示范",子课题负责人

2011
上海市科委崇明专项"崇明瀛东村湿地景观规划研究",第一负责人
上海市科委国际合作项目"上海虹桥商务区低碳城市建设评价指标研究",子课题负责人
美国能源基金会项目"规划中的节能影响因素及促进机制研究",子课题负责人
上海市科委科技攻关一般计划项目"土地空间资源开发与利用技术导则研究",子课题负责人
上海市科委临港专项"临港新城低碳城市实践区建设指标体系与建设导则研究",子课题负责人
国家"十一五"科技支撑计划课题"城镇绿地生态管控关键技术研究",子课题负责人
国家"十一五"科技支撑计划课题"城镇绿地空间结构与生态功能优化关键技术研究",子课题负责人

2012	世界自然基金会 (WWF) 资助项目"河口特大城市的低碳发展规划框架研究",第一负责人
	国家发展和改革委员会中国清洁发展机制基金项目"城镇低碳建设规划技术清单研究", 第一负责人
	美国自然资源保护委员会 (NRDC) 项目"国际绿色社区开发设计要素在中国应用的可行性研究",第一负责人
2014	中国气象局气候变化专项"上海低碳城市发展中适合气候变化的规划对策研究",第一负责人
	美国能源基金会中国可持续能源项目"绿色低碳生态城区建设模式研究",子课题负责人
2015	国家"十二五"科技支撑计划课题"城镇低碳建设规划关键技术研究与示范",第一负责人
2016	国家自然科学基金面上项目"传统文化景观空间的图式语言及形成机理",第二负责人
	国家自然科学基金面上项目"转型期长三角地区大城市边缘区农村聚落空间组织模式及其动因研究",第二负责人

出版著作

2009	《风景园林学科发展报告》(孟兆祯 编著)
	中国科学技术出版社 , 编写组成员
2010	《低碳城市发展的框架、路径与愿景》
	(陈蔚镇、卢源 编著)
	科学出版社
2013	《生态规划历史比较与分析》
	(恩杜比斯 著,陈蔚镇、王云才 译)
	中国建筑工业出版社

/ 广州世界大观文化艺术社区概念规划

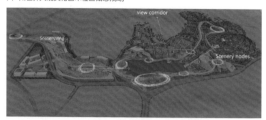

/ 上海世博滨江绿地整体功能提升规划与景观设计

/ 东莞大岭山镇总体规划与 RBD 地区城市设计

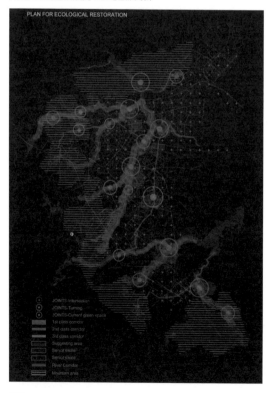

代表作品

亲友评价

我眼里的陈老师，就是那个眼大大，瞪了就吓走妖怪的神女；那个睡在西北二413门口上铺的女生；那个让人上瘾，心事懒懒心情蓝蓝间，总能漫想，亦可神游的伴。她，让你觉得"好"自可不必那么多禁忌，凡事都合理，但不能boring和没想象。她，眼烁烁，去青涩，常好奇。乡间野仲，塞外营里，都垂青。在这个世界的城市间兜兜转转，却没被城围住……她是个可以一起造梦、追梦的同道人。

— Linda 大学同学

清透的文字，却包含很长的时间跨度和思维深度，这是她一贯的风格。一直觉得东方人是适合感性思维模式的，从生活到事理可以融会贯通，通达至所谓"终极道理"，切换自如。她是我身边最接近这种思维方式的人。

— 黄筱敏 学生

陈老师永远很年轻。外表已经很年轻了，相处起来更觉得朝气十足。要去跑马拉松，要去看花滑，要去健身房跳bodyjam，还要在工作室里种芹菜。虽然也常常被研究和项目折腾得半死，有气无力地嚷着太累了太累了，但只一会儿又生龙活虎起来，活得特别带劲儿。我仔细想这背后的缘由，觉得大概还是因为她有一颗真真正正的赤子之心。所以好奇，所以始终探索，所以爱憎分明。所以喜欢的事情就是要去做，哪怕出一头汗、滚一身泥；不喜欢的事情绝不苟且，即使所有人都站在另一面，也能勇敢自信地做一个异见者。生活中如是，学术上亦如是。

— 刘荃 学生

不知道用怎样的词形容她最合适，但我想起她的时候，内心总会有一种特别明亮的感觉。这种明亮的感觉不仅来自她灿烂的笑容，也来自她逼人的灵气与才华，还有她的天真爽朗与赤子般的性格……她说话的声音，她的神态，她写下的文字……这一切都会在遇到时刹那间照亮你的心情……不知道为什么，这种明亮让我想起江南，想起冰雪，想起远方，想起很多与明亮有关的词……

— 杨剑影 姨父

02 郝 洛 西
HAO LUOXI

同济大学建筑与城市规划学院工学博士
清华大学建筑学院博士后
美国伦斯勒理工学院 (RPI) 访问学者

现任
同济大学建筑与城市规划学院建筑系
– 建成环境技术中心常务副主任，教授、博士生导师
中国照明学会
– 副理事长、国际交流工作委员会主任
上海照明学会
– 副理事长、学术工作委员会主任

研究方向
颜色与视觉、建筑与城市光环境、健康照明

是光带我在夜晚走读城市；是光让我的眼睛穿越时空；是光引领我踏上南极、经历极昼。此生专注于"光/影"的科学与艺术，心无旁骛。今天我要用创意的力量，表达我对光与人居环境的思考；期盼点亮非凡，为人类的健康和幸福而设计。

絮

我出生于白衣飘飘的年代，和同龄人一样，血脉里流淌着永不退色的革命理想和青春万岁的浪漫情怀。由于父亲援藏的原因，我在西藏民族学院出生和长大。我上的是保育院，类似于内地的全托幼儿园，但不同的是基本上几个月或半年父亲才来接我一次，因为他们去藏区搞语言文字调查，难得回家。害怕孤独、不愿独处大概就是那段孩童时期悲凉的记忆造成的，至今我都不愿在一个人独处的时候听那些悠扬的藏歌，那样会勾起我许多悲伤的回忆，心里别提多难受了。可是尽管如此，才旦卓玛、索朗旺姆和降央卓玛唱的歌，却是我最最喜欢的，百听不厌。我的名字"洛西"是一藏文名字，是父亲的学生给起的。从小到大，别人看名字，都不知我是男是女。在那个年代，女孩子大都叫"花、玲、红、萍"啊什么的。我记得有次去学校财务处办事，有个老师惊奇地看着我说："郝洛西就是你啊！我一直认为是个外国人或者少数民族！"我打趣地回应道："是不是还搞不清是男老师还是女老师？"她频频点头认同我的说法。但也有一次例外，那是2008年我和团队的老师研究生一起去映秀做灾后重建项目，当地的镇政府有一些阿坝的藏族干部，他们立刻看出我的名字与西藏有关，就此拉近了我和他们的距离。为了便于汉族干部记住他们的名字，这群长着藏族兄弟的脸，但名字却改成了王伟、国强之类的普通好记的汉族名字。若干年前，为了庆祝西藏和平解放六十周年，同济规划院承担了布达拉宫广场改造规划和设计任务。我记得有次同济规划院总工办沈永祺总工程师找我，要我去拉萨看看布达拉宫广场的夜景照明效果如何。四天一个来回，我二话没说就去了，我记得当我告知父亲时，他指示我：快去、一定要去、要认真对待等等。瞧瞧，这就是我和父亲的喜马拉雅情结。

毕淑敏说女人一生有三件事不可俭省：学习、旅游、运动，否则你的人生不够精彩。如果按照她的标准，我可就悲催了。我国内外出差真不算少，东航的金卡完全是我自己飞出来的，但就是很少旅游，基本是开完会就离开了，当然大多还是因为要赶回学校上课。寒暑假很少休息，科研、写书、工程项目，假期也闲不着。运动就更别提了，绝对是三天打鱼，两天晒网。决心大，大到 Ipad、手机里下载了各种瑜伽教学节目，但家里的瑜伽垫子从淘宝买来，还没有启用过。我喜爱甜食，正餐之后必不可少。但随着年龄的增长，为了健康的缘故，已非常克制，几乎不食。记得前些年在香港品尝到赴港必买的手信之一——珍妮曲奇小熊饼干，入口即化，满口溢香，从此热爱上了这类小饼干，由此就有了"宏大"的愿望，是否将来退休后，研发个健康的甜食（其实但凡甜食，均危害健康），让广大朋友特别是女性朋友，可以享用健康的饭后甜点，再也不必纠结是否吃或是吃后极强的犯罪感。我的研究生们总是嗔怪我喜新厌旧，每当新的研究生入学时，这拨"老油条们"就有失宠的感觉。我告诉他们，其实我是喜新不厌旧的人，从我处置家居用品和衣物的态度上，他们就不应该这么讲我。我至今还保留着几件 20 年前的衣服，现在勉强还能穿（总是抱怨衣服瘦），都是些中规中矩的衣服，虽说不时髦，但永远也不会特别落伍。所以我怎么会厌旧呢？他们真的还是不了解我呀！

我热爱我们的光环境实验室，就像"我爱我家"一样，付出了心血，自然也格外珍惜。我和团队的青年教师一起，在原有人工光的基础上，花费三年时间，又建设了一套绝对霸气的自然光模拟系统。我不是古板的女教授，那种带着深度近视眼镜（当然我现在不得已戴上了老花镜）抑或是女强人或女汉子等，都不是我想贴给自己的标签。我们团队尽管到目前为止，只有 4 名教师，但我们这个"英雄的集体"硕果累累（夸自己不交税）。十几年来，我们先后承担了桂林、杭州、上海浦东等地区的夜景照明规划，更是在 2010 年上海世博园区夜景照明规划和设计上大显身手。我们完成了诸多建筑的室内照明设计，如上海世博文化中心、合肥大剧院、陕西大剧院、上海东方明珠电视塔、刘海粟博物馆等。在教学上，团队历经 15 年教学探索与实践，形成产学研互联共进的新型教学模式。"快乐地工作"一直以来是我的座右铭，崇尚积极的人生，是我的追求。工作中遇到矛盾，我坚持对事不对人。有缘一起工作几十年，比家人相处时间都长，没有理由去破坏我们之间的友情。近两年

/ 中国第 29 次南极科学考察队长城站在站队员合影

来，我与团队其他老师一起着重开展人居健康光环境与半导体照明创新应用、中国南极极地站区健康照明、医疗空间的光照情感效应等多项跨学科多领域合作的科研工作。去年，我担任了学院新成立的建成环境技术中心常务副主任，院系会议需要参加，时间上就更不能自己当家作主了。我不适合当领导，尽管我绝对有担当，但性子急，容易"咆哮"，时常焦虑，所以感觉当了芝麻官，怕"push"别人太多，反而落得埋怨或厌恶。现在的"青椒"（青年教师）已经非常辛苦了，没人再愿意听你的咆哮。

今天本不该到思考回忆录的时候，可是莫名开始历数自己的往事，看来真的是年龄不饶人！当我老了，我可不想整日去跳广场舞。我想在身体条件允许的情况下，在居住的社区或者去老人院、医院、机场、博物馆，去做义工或者社工什么的，总之希望能够继续为社会服务，贡献自己的所有，自觉是幸福的事。想起央视新闻里曾经有个特别调查节目：幸福是什么？你幸福吗？我想说这样的日子，我才能说我幸福。当然我还想系统地学习下中小学生学习的课本，估计跟我儿时所学的应该是太不同了，非常好奇，也非常渴望。我还想认真地学习下金融知识，因为我对股票还处在似懂非懂的阶段，如果那时还没有患阿尔兹海默症，也想实操一下，炒炒股票。不自觉在规划未来退休的日子，甚是期待。杨绛先生有许多经典语录，其中有一段让我感同身受，那就让我们互勉吧。她说："上苍不会让所有幸福集中到某个人身上，得到爱情未必拥有金钱；拥有金钱未必得到快乐；得到快乐未必拥有健康；拥有健康未必一切都会如愿以偿。保持知足常乐的心态才是淬炼心智、净化心灵的最佳途径。一切快乐的享受都属于精神，这种快乐把忍受变为享受，是精神对于物质的胜利，这便是人生哲学。"

学术年表

1999	同济大学建筑与城市规划学院获得工学博士学位
2001	清华大学建筑学院博士后流动站出站
2008—2010	上海世博园区夜景照明科研、规划与设计等相关工作
2011	美国伦斯勒理工学院 (RPI) 访问学者
2012—2013	中国第 29 次南极科学考察队，赴长城站度夏科考三个月
2001—至今	同济大学建筑与城市规划学院任教

主持科研

2003	国家科技攻关项目，基于城市景观照明的 LED 灯具研发和相关标准制定 上海黄浦江两岸滨江公共空间景观控制标准 视觉与照明实验性教学研究
2005	上海市科委"世博科技攻关项目"，世博园区景观光环境新技术应用研究
2006	"十一五"863 计划"半导体照明工程"重大项目，2010 上海世博会城市最佳实践区半导体照明技术的集成应用研究 "十一五"863 计划"半导体照明工程"，室内数字智能化 LED 照明系统研究重大项目 LED 在国家游泳中心建筑物照明工程中的应用研究 建筑光环境实践性教学平台建设
2007	上海市中小学生视力健康与光照环境的分析研究 杭州"十一五"绿色照明规划研究

2008	上海市科委"世博科技攻关项目";上海世博园半导体照明示范性应用研究
	国家住房和城乡建设部项目,可再生能源在城市绿色照明体系中的应用研究
2009	国家自然科学基金项目"人行道路中白光 LED 光谱能量分布(SPD) 对视觉辨认的影响研究"
	鄂尔多斯博物馆室内光环境分析研究
2010	"十二五"863 计划"高效半导体照明关键材料技术研发"重大项目, LED 非视觉照明技术研究
2011	国家自然科学基金项目"基于室内健康照明需求的照度与光谱对人体昼夜节律影响研究"
	OSRAM House in Siemens Corporate Technology, LEDs Habitatin China—Subjective Experiment, Collaborative Platform
2014	国家自然科学基金项目"心血管内科 CICU 空间光照情感效应研究"

出版著作

2005	《城市照明设计》(郝洛西 著),辽宁科学技术出版社
2008	《光 + 设计:照明教育的实践与发现》(郝洛西 著),机械工业出版社
2011	《上海世博园区夜景照明规划设计研究》(郝洛西、林怡、胡国剑、李勋栋 编),中国建筑工业出版社
2013	《南极记忆》(郝洛西 著),同济大学出版社
2015	《世博之光:中国 2010 上海世博会园区夜景照明走读笔记》(郝洛西 等编),中国建筑工业出版社
2016	《同济大学建筑学专业"建筑物理(光环境)"教学成果专辑》(郝洛西等 著),同济大学出版社

获奖情况

2007	同济大学建筑光环境实验性教学模式的创新与实践，获得中照照明奖之教育与学术贡献奖三等奖
2009	获得上海市科教系统 2007—2008 年度三八红旗手
2010	"世博园区夜景照明总体规划"项目获得上海照明学会奖特等奖；"世博文化中心照明设计"项目获得上海照明学会奖一等奖；荣获"同济大学卓越女性世博特别贡献奖"
2011	荣获"全国优秀科技工作者"称号；荣获"全国三八红旗手"荣誉称号；获得"全国五一巾帼标兵"；获得 2009—2010 年度上海市三八红旗手
2012	照明教育中的学术探索与创新实践，郝洛西，教育与学术贡献奖一等奖；获得中国照明学会"先进工作者"荣誉称号
2014	获得第十二届中国环境设计学年奖优秀指导教师奖
2015	"产学研"协力共进下的建筑光环境课程十五年教学探索与创新实践，2015 年同济大学教学成果奖二等奖；获得 2015 亚洲设计学年奖优秀指导教师奖
2016	浦东新区夜景照明建设管理专项，获得 2015 年度全国优秀城乡规划设计奖二等奖 (城市规划类)

/ 中国 2010 上海世博会园区夜景照明规划效果图

代表作品

/ 在自然光实验室授课

/ 出版专著

亲友评价

在我眼里，女儿洛西既是一个好老师，又是一个好女儿。她对工作认真负责，就是讲过多遍的内容也从不照本宣科。洛西突出的特点是教书育人，对学生关心备至。我已八十五岁，她对老人非常关心和孝顺，我能健康地活着，是和女儿的精心照料分不开的。女儿的良好素质和高尚品德受到家人和亲友们的高度赞扬和好评。

—— 郝士俊 父亲

洛西，我的挚友与闺蜜、学生们的好老师、照明界国际知名学者……是温柔又能干、温暖又敏感、多才又坚毅、投入又忘情的、令人钦佩又欣赏的优雅女性——郝教授。

—— 王林（上海交通大学教授） 闺蜜

我的姑姑是个大美女、大才女，这个光辉形象十几年前就已定格在一个黄毛丫头心里。她拥有高雅脱俗的审美，举手投足落落大方，博学多识才情兼备，眉宇间眼神中满是睿智与自信。人生路上有这样一位长者指引方向，很荣幸，也许这便是"榜样的力量"。

—— 郝恬（留德学生） 侄女

同济大学建筑学硕士
同济大学城市规划工学学士、博士
德国柏林工业大学、德国斯图加特大学、美国加州大学圣迭戈分校、澳大利亚昆士兰科技大学访问学者

黄 怡
HUANG YI

03

现任
同济大学建筑与城市规划学院城市规划系
– 教授、博士生导师
中国社会学会城市社会学专业委员会
– 理事

研究方向
住房与社区规划、城市社会学、城市更新设计与研究、环境与规划、乡村规划

儿子的母亲、丈夫的妻子、父母的女儿；理想主义者、完美主义者、轻度强迫症患者；好奇心、自信心、恒心；图形和文字的爱好者，精神和思想的探索者；城乡规划学教授、城市社会学学者、城市规划师。这就是我。

怡园絮语

我常想，生活的空间可以分成两半，一半是具象空间，一半是抽象空间，前者安置我们的身体，后者容纳我们的精神。很多的时候，身体和精神并不总是同存一处空间，要不怎么能"寂然凝虑，思接千载；悄然动容，视通万里"呢。我将纵容我思绪的抽象空间冠之以"怡园"之名，好处是借了苏州怡园的幽美意象，却也要时时逾越园之界垣。

逝者如斯夫

年少时读"子在川上曰：'逝者如斯夫，不舍昼夜。'"，其实并不太有感觉。而今却是喟叹。回眸过去，自从进了学校，就再也没有走出学校。一路求学，到硕士毕业留校执教，后又攻读博士，在校园里度过了半生。

"同济"对我来说，有着更为重要的意义。我的父亲、妹妹、丈夫和我，不但都是同济校友，还是建筑系的系友。我自己在同济大学建筑与城市规划学院从本科读到博士，可谓地地道道的同济人。

我的生活还算顺利，工作、结婚、生子，应该都是在合适的时间。刚开始工作的几年，专业方向和目标也不甚明确，空余时还四处游逛、写诗、写小说。直到完成博士论文，才明白了自己的志趣，真正进入专业研究领域。

此时我便觉得时间的宝贵，工作和生活、个人和家庭，都需要时间的滋养，才能健康茁壮。而我，能省下的便只有睡眠的时间，怪不得鲁迅先生说他把别人喝咖啡的时间都用在写作上了。年少时还听过电影《简·爱》里的一句台词"人活着就是含辛茹苦"，深植脑海，此话果然不假。人生的况味需得中途才能意会，而逝者已如斯夫了……

传道、授业、解惑也

要说做老师，并不曾是我的理想。我曾经有过的理想，在初中时是做诗人，在高中时是做新闻记者。不过最终我没有报考复旦的新闻学院，因为家庭的缘故还是选择了同济。到了研究生毕业找工作的阶段，才有了留校的念头。当然，大学老师的工作内容有其特殊性，兼具教学、专业研究和实践工作。

硕士研究生毕业后我开始参加教学，当时的年纪与班上年岁稍大的本科学生也就相差一两岁。数年之后，对于教学逐渐驾轻就熟。随着学生们从70后渐渐变为90后，自己看待学生的眼光也在慢慢改变，最初当他们是学弟学妹，到现在已当他们是孩子了。看着他们充满朝气的面庞，会忍不住在心底拿他们与我日渐长大的儿子比较一番。

师者，传道、授业、解惑也。老师对学生的影响，自然不仅仅局限于学业，更有思想与精神上的熏陶。真要做到也不容易。作为老师，自己得志于道、据于德、依于仁、游于艺。而在同济大学建筑与城市规划学院，无论是当老师还是做学生，应该都是幸运的。因为学生们大抵聪明、勤奋、上进，老师们大都敬业、勤勉、术业有专攻。如果学生从老师那里得到的评语是"感觉比较好"，那就说明他（她）有悟性，是学习这个专业的料。但也不必沾沾自喜，至少在我这里，会尽力善待所有的学生，只要他们态度认真，就值得重视。个体之间的天资禀赋、性情脾气、能力兴趣都有差异，短短几年的大学学习，哪能将他们分级分类？

至于研究生，在心理上就更近一层了。师从同一位导师的学生会自称一个师门，相互以师兄弟姐妹相称。倘若有性情相投的，则师生或师兄弟姐妹的关系就更融洽些。师生之间是可以相互引以为傲的，因此大家都要努力，不得轻易松懈。

略为稻粱谋

叔本华曾言"做学问是目的，不是手段"，也是他提出了使命作家与职业作家的分别。就是说，贤者做学问或写作，都只是受到崇高的使命驱动，并不为了挣钱。不是人人都有叔本华的境遇，可以从富有的父亲那里获得一笔可观遗产，一面过着富裕的生活，一面潜心做自己的哲学和美学研究。但是，如果"著书都为稻粱谋"能够变成"略为稻粱谋"，人生也便十分知足了。

于我而言，我所从事的职业和学术专业是我力所能逮，也是我的志趣所在。学术研究固然是慢慢积累，所谓山积而高、泽积而长，却也需要自觉的学术品格修为和自我标识形成。较长时期里，我都致力于城乡人居环境的规划理论与设计，主要研究方向是城市社会学和城乡灾害风险与规划应对，力求形成"一体两翼"的研究特色，即以城乡人居环境规划理论研究为主体，一翼偏人文求社会公平，一翼重技术究环境正义。如此既求学问之理，亦究学问之道，何其有幸！

作为城乡规划专业的教师，社会服务也是工作内容的重要组成部分。将理论付诸实践，通过规划设计创造物质空间、提升建成环境、延续城乡历史脉络，

/ 在阿根廷首都布宜诺斯艾利斯参加国际学术会议

/ 与联合国人居署执行主任华安·克洛斯在同济合影

/ 在肯尼亚首都内罗毕联合国人居署总部参加会议

以及营造更有活力、更人性的社区与社会生活氛围，这也是在现实主义的空间里挑战性与成就感高度并存的活动。作为学院派的规划师，对待项目并不分大小，只希望每一个项目都能成为一个好的作品，而不是流水线上的一个产品。通常业主对于作为高校教授的专家还是相当尊重和理解的，保持专业水平与职业操守，我们愈珍重自我，社会才能愈珍重规划的价值。

读万卷书，行万里路

对于从事城乡规划的人来说，"读万卷书、行万里路"简直就是职业的、专业的要求。不但要行走在世界中，还要观而察之，出以灼见，形诸良方。董其昌在论及"画家六法"之一的"气韵生动"时说，"'气韵'不可学，此生而知之，自然天授。然亦有学得处，读万卷书，行万里路，胸中脱去尘浊，自然丘壑内营。"做一个好的规划，做一名好的规划师，也不外乎如此习得了。权当是我为旅行找借口吧。

屈指算来，亚、欧、美、非、大洋五大洲的土地竟也都已踏上了，或是做访问学者，或是参加国际会议，有时与同事友人一道，有时孤身只影，也有时是举家度假。在国内，单是安徽、浙江、江苏、福建、山东、山西等省的古老的镇村，我的足迹所及，也不下百余。优美的山村田野风光，独具匠心的村落布局，精巧的建筑细部，还有砖雕、木雕、石雕的精湛手工技艺，都令我流连忘返、乐此不疲。对于历史建筑、村落和城市的尊重，对于传统地域文化的酷爱，也是作为建筑师和规划师的素养和根底吧。

在大多数的旅途中，相机是不可或缺的。还是在斯图加特大学做访问学者的那一年，我迷恋上了摄影。郊区的校园就在黑森林边上，沿着一条小路可以一直走进森林深处，于是森林、田园、城镇、人物都进入我的画面。我的脚步更勤快，注意力更集中，对周边世界的观察也更加仔细和敏锐总之那是一个离自然很近、离自己内心很近的时期。拍过很多有艺术追求的照片，有时在镜头后按快门，有时在镜头前摆"pose"，做摄影师或做模特，各有趣味。那些定格的瞬间，记录下了踪迹，记录下了岁月，可以回望，但不可回头。而那些没有留下照片的遥远旅途，在记忆中渐至淡墨依稀终竟恍然若梦了。

我之为我

我之为我，是特定的空间与时间塑造，时间累积出生命的纵深视野，空间拓展出精神的广阔视域。我之为我，亦是特定的人和物化育，亲疏远近皆成因缘，金玉木石均是品味。

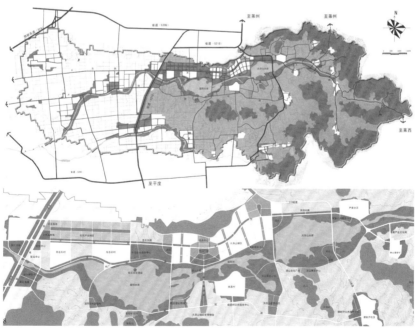

学术年表

1993 获同济大学建筑与城市规划学院城市规划专业学士学位
1996 获同济大学建筑与城市规划学院建筑学专业硕士学位
2003 德国柏林工业大学 (TU Berlin) 访问学者
2004 获同济大学建筑与城市规划学院城市规划专业博士学位
2007 德国斯图加特大学 (Universität Stuttgart) 访问学者
2009 美国加利福尼亚大学圣迪戈分校 (UCSD) 访问学者
2012 澳大利亚昆士兰科技大学 (QUT) 访问学者
2014—2015 上海市杨浦区规划和土地管理局挂职副局长
1996—至今 同济大学建筑与城市规划学院任教

主持科研 / 学术活动

2005 赴马来西亚槟城参加第 8 届亚洲城市规划院校联合会国际大会 (APSA)

2006 赴墨西哥首都墨西哥城参加第 2 届世界城市规划院校大会 (WPSC)

2010 上海市奉贤区奉城镇南宋村、北宋村、二桥村等 5 个村庄的详细规划, 在乡村规划中综合运用生态与社区理念

2012 国家自然科学基金项目"城镇地区慢发性技术灾害的规划控制与修复"获准立项, 在国内首次提出"慢发性技术灾害"概念

2013 赴非洲肯尼亚首都内罗毕参加联合国人居署 (UN-Habitat) 第 24 届人居署理事会会议
全程深入参与了中国首次在联合国推动设立的国际日"世界城市日"的申设工作以及申设成功后的庆典及秘书处机构筹建工作
山东省滕州市接官巷历史街区更新改造规划, 提出并探求在城市更新中激活地方的文化资本

山东省平度市大泽山镇总体概念规划，进行了资源地区环境修复与产业转型升级的规划实践

2014   赴南美洲阿根廷首都布宜诺斯艾利斯参加联合国人居署(UN-Habitat)第 2 届 Future of Places 国际会议
安徽省金寨县梅山镇老城区控制性详细规划，突出在山水自然环境中的低冲击开发模式

2015   赴非洲访问联合国人居署 (UN-Habitat) 和肯尼亚、乌干达的大学及政府部门

2016   参加《联合国人居署—上海市政府—同济大学可持续城市发展教育培训合作备忘录》签署仪式，自 2011 年 12 月起开始跟踪并主持了中央高校基本科研业务费专项"联合国人居署与同济大学专业合作及联合机构筹建"
赴南美洲厄瓜多尔首都基多参加第三届联合国住房与城市可持续发展会议 (Habitat III)

出版著作

2006   《城市社会分层与居住隔离》（黄怡 著）
同济大学出版社

2009   《社会城市》（彼得·霍尔、科林·沃德 著，黄怡 译）
中国建筑工业出版社

2011   《新城市社会学》（马克·戈特迪纳 、雷·哈奇森 著，黄怡 译）
上海译文出版社

获奖情况

/ 在江苏农村

代表作品

2003	辽宁省大连软件园黄泥川安置区规划
2004	上海市奉贤区南桥新城行政中心及解放东路两侧城市设计
	江苏省镇江市润州区鲇鱼套村安置区规划
	辽宁省沈阳"五里河·东方威尼斯"社区概念规划
	上海市静安区南京西路街道社区发展规划
2005	辽宁省大连鹏德阳光卫城修建性详细规划
	辽宁省大连矿北居住区规划
	山东省淄博市张店中学校园规划
2006	上海奉贤农业园区概念规划设计
	上海南桥新城东部新区控制性详细规划设计及研究
2007	上海南桥新城现代服务业集聚区（中小企业总部商务区）规划与城市设计
2008	山东省淄博市周村古商城规划
	上海静安区 42 街坊（张家花园）保护利用规划
2009	《上海大型社区规划设计导则》编制
2010	上海奉贤区奉城镇村庄详细规划
	上海青浦区青浦城一站大型居住社区概念性规划
	上海青浦新城 R20 线四号站点地区城市设计研究
	山东省淄博市淄博中学校园规划
2011	安徽省肥西县山南镇控制性详细规划
	山东省淄博市般阳中学校园规划
	"十二五"时期上海加快新城建设对策思路研究
2012	山东省淄博市周村古商城大街北侧地块规划和建筑概念设计
	山东省淄博市周村原第一棉纺厂南北厂区和齐鲁焊业厂地块规划
2013	山东省平度市大泽山镇总体概念规划
	山东省滕州市接官巷历史文化街区详细规划
2014	安徽省金寨县梅山镇老城区控制性详细规划
	山东省淄博市孝妇河以东片区控制性详细规划
2015	山东省淄博市周村古商城北片区棚户区改造工程
2016	山东省淄博市周村古商城地区概念规划及重点地块城市设计

/ 在乌干达首都坎帕拉市政府访问

/ 在厄瓜多尔首都基多参加第三届联合国住房与城市可持续发展会议

亲友评价

不容易！专业有为是对长辈一种最好的孝敬。我们同学校、同专业，正是好的遗传天资遇上好的年代，从小不惧竞争的她，理应在专业道路上走得更远、做得更好！

一 父亲

很钦佩！当下倡导善学、善思、善为，这些美好的行为诉求，几近涵盖了人的全部品质，善学讲技能、善思靠天赋、善为凭毅力。她无疑三者兼具了！

一 丈夫

还不错！兴趣广泛，癖好凡事刨根问底。知识算是全面，就像一本丰富、并且仍在丰富着的百科全书，由此也成就了常爱唠叨的资本，事实证明，其中一部分还颇有先见！

一 儿子

同济大学风景园林工学学士、硕士
澳大利亚昆士兰科技大学（QUT）哲学博士

现任

同济大学建筑与城市规划学院景观学系

– 系主任，教授、博士生导师

IUCN/WCPA, IUCN/World Heritage

（国际自然保护联盟 / 世界保护区委员会，国际自然保
护联盟 / 世界遗产）

– Expert Member（专家委员）

ICOMOS–IFLA International Scientific Committee
on Cultural Landscapes

（国际古迹遗址理事会 – 国际风景园林师联合会国际
文化景观科学委员会）

– Vice President（副主席、负责亚太区工作）

中国风景园林学会文化景观专业委员会

– 主任委员

中国住房和城乡建设部世界遗产专家委员会

– 专家委员

*Journal of Cultural Heritage Conservation and
Sustainable Development*

– Board Member（编委）

Built Heritage

–Board Member（编委）

研究方向

环境哲学、文化景观、世界遗产文化景观、中国风景名
胜区保护与发展

风景园林人，教龄 29.5 年。爱青山绿水、爱游山玩水，
爱自然、爱乡村、爱教书，爱这方水土这方人。住在城里，
心不在城里。专长领域为景观规划与设计，重点领域为
风景名胜区规划。热衷自然观、环境哲学、文化景观的
跨文化比较研究，活跃在国内国际世界遗产和文化景
观舞台。

韩 锋
HAN FENG
04

风景随笔

为什么倾心风景园林？因为爱青山绿水。为什么钟爱世界遗产？因为世界那么大，我想去看看，看看大自然的鬼斧神工，看看人类的杰作。为什么专注文化景观？因为爱自然，尤爱自然中的人。今天我做的一切，都是心向往之，我并不完全把它当作一种职业。

长成到现在才知道，童年和少年的经历对于一个人的心路历程是多么重要。人生的路径，或许从那时起就已经被画好了轨迹。人生的后十年，都是前十年铺垫而成的。

暖暖的斜阳，枕水的小桥，水乡的石板路上，蹒跚着小小的身影，是我童年记事的第一个画面，温静而江南。寄养的婆婆家是做灯笼的，堂屋里总是摆满了红灯笼，丝滑的花穗扎得溜光好看。于是，我知道了在过去的水乡灯笼不像今天这样家家乱挂。

稍大些，又跟随父母去了上虞下官大山里的战备医院。那大山是有魔力的，尽管每次进出，山那么陡，弯那么急，都觉得要被夺了性命似的。苍翠的大山里，有清澈的溪涧，悠游着金灿灿的小鱼，小伙伴们常常横排一队去堵截。老屋的房顶上、大树上，到处上鸟窝，引得孩子们上蹿下跳。夏日的午后，小孩子们在池塘边百无聊赖地钓鱼，钓上来又扔下去。要不就到农民家的果园看看有什么吃的。再就是，揣一兜苦楝树籽、一把弹弓，狠练射鸟本领。晚上，天一黑就把被子蒙上头，好像白天听到的鬼故事都变成真的，山上、屋后、田里，到处都是鬼。那撒开脚丫子奔跑在大山里的童年，是我记忆中最自由、最惬意的日子。山水间，青翠的稻田、机警的猫头鹰、漂亮的啄木鸟，有着最动人的清新野趣、最富想象力的传说，还有着最淳朴的乡亲。在山里最艰苦的没有足够粮食的日子里，乡亲们送来鸡蛋和水果，那一篮篮的桑果和樱桃，是我心中永恒的怀念。自然和乡亲，就这样深深地印在我童年幼小的心田里，再也没有离开过。

高中时，来到了白马湖畔的春晖中学。朱自清笔下通向春晖的那条窄窄的煤屑路，带我远离都市，走进世外桃源。这座百年名校对我影响极深，那些如雷贯耳、学贯中西的前辈大家们，离得那么近，他们就是身边的先生。途经山脚下的"山边一楼""平屋""小杨柳屋"，仿佛仍能见到经亨颐、朱光潜、丰子恺、朱自清等先生把酒吟诗作画，又常常在课本中见到他们，分外亲切。春晖最美丽的浪漫就是清晨坐在湖边上和田野里晨读；春天里上山采映山红，回来摆满宿舍；再就是瞥见教室窗外的小河里有农家小船划过，成群的鸭子欢快地跟随着。我的乡野情怀就这么惬意满足地延续着。山水乡间的春晖，无论在建筑风貌上，还是在思想文化上，都是中西合璧的，这对我影响也甚大。那以后，似乎古今之间、中外之间、城乡之间，对我而言，似乎都不存在思想和形式上的壁垒。

于是，选择到同济读风景园林便是再顺理成章不过。这一待，便是三十多年，是我的大半辈子。期间虽然走南闯北，留洋求学，却始终未真正离开过同济，算是在同济扎了根。在上海，在同济，宽松的学术氛围是我喜欢的，身边的导师都是鼓励上进的，什么都可以想，而只要认真去想，总是能想出些名堂来的，同济是个适合生根开花的地方。最大的遗憾，是上大学时还太小，对中国园林理解不深，没能跟着陈从周先生好好学学，陈先生还是我老乡。

在同济，虽然所有的功课都好好学了，各类设计和施工图也都做过画过，但对风景名胜区规划仍情有独钟。这不是偶然，全是因了小时候埋下的种子。今天从学术上讲，以自然为基底的风景名胜区是中国"天人合一"传统人文主义自然观的完美实践典范，在国际上就是杰出的"人与自然的共同作品"——文化景观。因此，我放弃了去哈佛大学设计研究生院，转而去澳大利亚研究文化景观和西方国家公园，也是很自然的事情了。而中国的世界遗产，又与风景名胜区极其相关，现有的 50 个世界遗产中，有 41 个与风景名胜区有关。于是，注定了我这辈子与世界遗产有缘。

在国际世界遗产咨询机构文化景观科学委员会的工作，为我提供了一个梦寐以求的学习平台。在国际大家庭中，我学会文化平等和尊重，学会审视自身文化的优劣，学会在国际参照系中定位自身文化的价值。正是在国际对比研究中，才真正获得了民族文化的自

1 2

1　在美国 LAF 大会上宣读全球景观宣言
2　在印度世界遗产地评估考察

信心和自豪感。同时也意识到，文化较量是没有硝烟的战场。作为国际圆桌上的中国代表，即便在科学委员会，仍然必需民族自尊和使命感。

由于在国际委员会工作的缘故，便常有了去探访世界遗产地的机会，这是一笔莫大的人生经验和经历财富。或者与国际工作组一起，或者只身一人前往。而我尤爱一个人的旅途。

一个人的旅途，往往一切都在意料和经验之外。紧张、防范、疲惫、兴奋、随意、满足，夹杂着无法预见的混乱。无论功课做得再细致，总也会碰到问题。走错路、上错车，错过合适进餐的时间，饿着肚子看美景，每天走上十几二十公里，直至筋疲力尽，都是家常便饭。饿极了狼吞虎咽吃一顿，累极了就小憩于田野小河边，全无顾忌，全无平日里的娴雅淑女风范，随性之至。

一个人的旅途，感官触觉会变得异常地敏感和敏锐，身体的本能、心灵的感知和头脑的思考超常同步。平日里，陷于日常琐事中的片段性思考，世俗、规范、意识、环境都会筑成思想和感知上的壁垒，继而禁锢心灵的自由。当一个人完全被抛至一个陌生的、却是心灵向往的地方时，所有的一切都在复苏，身体感官的每一个触角都感知着对生命的拥抱，犹如重回婴儿时代，依赖生存本能，带着对世界的强烈好奇，重启生命感知的旅程。

随着脚步的水平延伸，一切界限都在消失，国界、自然和文化、人与动物、天与地。地平线的延展，引领着指向宇宙和内心的对于生命的纵向思考：地球、土地、天堂、宗教——生命的起源和归属。扁平的世界变得立体，苍白的生命变得丰满而斑斓，个体变得既渺小也奇妙。场景中的思考，生动、直觉而自由，没有禁锢和造作。在俄罗斯的黑湖、印度的恒河，我都感知着来自生命的震撼。

世界上最奇妙的是两样东西：宇宙和人类。宇宙的浩瀚无垠使人类生命显得如此渺小，但正是且只有这个如此渺小的生命，将浩瀚的宇宙装入心脑之中，并自由地行走于世界。

旅行最重要的意义就在于突破了个体生命的狭隘、感知生命的鲜活存在、定位个体的生存及历史价值，是认识生命和世界的手段。这世界并非属于我一个人、一个民族、一个地球。我相信，对于不是天才的人而言，思想的深度与

脚步延伸的长度成正比。文化是个过程，生命也同样是个过程，这个过程没有感知就没有存在。但我们是否真的每一天都感知了生命的存在呢？日复一日，或许每天我们都在浪费生命。

世界太大了，我怕来不及看。平生最害怕的两件事：一是再也不能行走世界，二是再也看不见这世界的丰富多样。因此，现时能走多远，就走多远；能看多少，就看多少。无限贪婪。所有一切，只为沉淀出美丽的记忆，供来年再也走不动的我享用。到时，你会看见那个沉浸在回忆中的白发苍苍的老太太，一脸的幸福。

/ 扬州瘦西湖文化景观价值研究

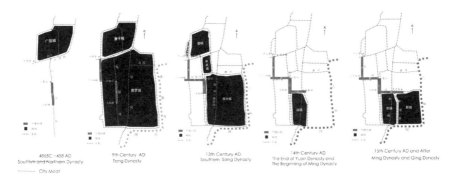

学术年表

1988	获同济大学建筑与城市规划学院风景园林工学学士学位
1998	获同济大学建筑与城市规划学院风景园林工学硕士学位
2001—2007	澳大利亚昆士兰科技大学 (QUT), 获风景园林哲学博士学位
2006	经中国、英国、美国、澳大利亚四国代表推荐进入 ICOMOS-IFAL 国际文化景观科学委员
2007	ICOMOS-IFAL 国际文化景观科学委员中国代表
2009—2014	同济大学建筑与城市规划学院院长助理
2013—至今	IUCN/WCPA, IUCN/World Heritage 专家
2014—至今	同济大学建筑与城市规划学院景观学系主任
2014—至今	ICOMOS-IFAL 国际文化景观科学委员副主席, 负责亚太区工作
2012—2017	上海市杨浦区第十五届、十六届人大代表

主持科研

2006—2009	主要参与 ICOMOS-IFL 文化景观委员会《世界遗产文化景观评估条例》的制订、景观审美研究
2007—2017	受 ICOMOS 委派对亚太地区世界遗产提名文件和提名地进行独立技术评估.
2010—2011	应世界遗产中心邀请全程参加 UNESCO《城市历史景观建议书》(Recommendation of Historic Urban Landscape, HUL) 文件起草及政策制定 主持联合国教科文世界遗产保护和管理中国项目——《庐山世界遗产文化景观价值研究》
2010—2013	主持扬州市"大运河与瘦西湖申遗办公室"研究项目——《扬州瘦西湖文化景观研究》
2012	受联合国教科文中国全委会委派, 代表中国政府参加 UNESCO《世界遗产与可持续旅游》(World Heritage and Sustainable Tourism Programme) 项目文件起草及政策制定

2005	主持"中央高校基本科研业务费专项资金"国际合作研究项目:《联合国教科文城市历史景观国际合作平台建设》
2012—2015	主持联合国教科文"城市历史景观"(Historic Urban Landscape, HUL) 亚太地区实施示范项目
2013	参加 IUCN 主持的世界遗产"第七条标准研究": Study on the application of Criterion VII
2014—2015	作为代表 ICOMOS-IFLA 文化景观委员会核心参加 ICOMOS-IUCN 研究项目: Connecting Practice: Defining New Methods and Strategies to Support Nature and Culture through Engagement in the World Heritage Convention
2016	成立中国风景园林学会文化景观专业委员会, 任主任委员
2017	主持联合国教科文"世界遗产与可持续旅游"(World Heritage and Sustainable Tourism Programme) 中国试点项目
	主持科技部国家重点研发计划子课题"遗产地生态保护和社区发展协同研究", 课题编号 2016YFC0503308

获奖情况

1988	上海市优秀毕业生
	教育部国家科技进步二等奖 (参与"海南省旅游发展战略与风景区域规划")
2010	澳中年度杰出女性领导者校友奖 (IELTS Alumni Award for Women in Leadership)
	澳大利亚昆山兰州政府昆士兰—中国杰出校友奖(科研类)(Queensland China Education and Training Award for Excellence, Alumnus of the year, Research. 2010 年度唯一获奖者)
	澳中校友联合会年度杰出女性领导者校友奖 (研究类) (2010 年度澳中环球雅思校友奖: 杰出女性领导者奖 (研究类) (IELTS Australia China Alumni Award for Women in Leadership, Research, 2010 年度唯一获奖者)
2011	澳大利亚外交部"全球 50 位女性领导人先锋"及"亚太女性领导人"("Advance Leading 50 Women" and "Leading Women in the Asia Pacific Region")
2013	同济大学奖教金一等奖
2016	韩锋等,《武当山风景名胜区总体规划》(修编) (2012—2025), 2015 年度上海市优秀城乡规划设计奖一等奖, 项目负责人
	韩锋等,《武当山风景名胜区总体规划》(修编) (2012—2025), 2015 年度全国优秀城乡规划设计奖一等奖, 项目负责人
	韩锋等,《遗产保护与发展》研究生课程获"上海高校外国留学英语授课示范性课程", 课程负责人
	韩锋等,《遗产保护与发展》研究生课程获"全国第二期来华留学英语授课品牌课程", 课程负责人

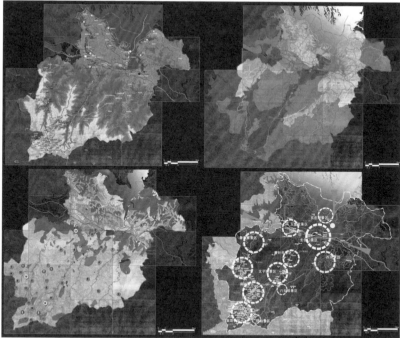

《武当山风景名胜区总体规划（修编）》（2012—2025）

项目规模：312 平方公里

获奖情况：2015 年度全国优秀城乡规划设计一等奖（风景名胜区类）

代表项目

1988	参加海南省旅游发展战略与风景区域规划
1990	主持海南省儋县云月湖风景旅游度假区详细规划、参加辽宁省本溪水洞国家级风景区总体规划
1991	主持河南省嵩山国家级风景区景区详细规划与设计
	主持浙江省千岛湖省级风景区铜官峡小区详细规划与设计
1992	主持河南新郑古城公园详细规划与设计
1993	主持辽宁省本溪水洞国家级风景区温泉景区详细规划
1995	参加湖北九宫山国家级风景区总体规划
1999	主持上海市世纪森林概念规划,上海市重点项目
1999—2000	主持苏州吴县西山国家农业示范园区高科技农业观光园规划与设计
2000	主持江苏天目湖国家 AAAA 级旅游度假区一期中心区规划与设计
2004—2012	武当山风景名胜区总体规划修编 (2012—2025)

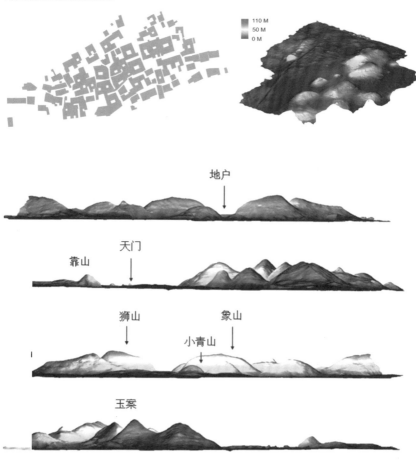

110 M
50 M
0 M

地户

靠山　　天门

狮山　　　　象山
　　　小青山

玉案

亲友评价

摩羯座的人总是理性地知道自己想做什么和在做什么，所以你从来都不淡漠。原则认真是你的处事态度，浪漫坚定是你的自我修养，悠然随性是你的生活格调。 风一样的淑女，独立、能干、岁月不改初心，从西北二楼到 ABCD 广场，从三好坞畔到黄金海岸，从 CAUP 到UNESCO，最美的景观，一直在脚下，在路上，在心中……

—— 冯宏 大学室友、好友、同事

韩老师常讲做学问犹如垒金字塔、做拼图游戏，勉励我们广泛阅读、沉心钻研。她也常向我们描绘读书所能到达的精神上的自由境界，令我心向往之。韩老师举手投足间的儒雅仿佛让人看到西子湖的动人风光。作为师长，她严格而不严厉，正直而不古板；作为文化景观方面的权威专家，她虚怀若谷，时刻保持好奇心和想象力。她飞舞长裙下自信而坚定的步伐，将一直引领我们前进。

—— 李璟昱 本科、硕士生

来到韩锋老师身边已近七年。初进校时被老师讲台上行云流水的风采折服，朝夕言传身教，每一个新的时节，越发懂得她的学养与智慧，感悟竟也源源不绝，所以追随至今。太多人赞美韩老师的学术有为，而我更敬佩她的有所不为。风景园林中的蒲苇柔情与寒梅傲骨在她身上融为一体，这是师长，更是一个女人的持久魅力。"故安其学而亲师，乐其友而信其道。"良师如此，三生有幸。

—— 王溪 硕士、博士生

华东师范大学地理学博士
美国弗吉尼亚理工及州立大学访问学者

现任
同济大学建筑与城市规划学院景观学系
– 教授、博士生导师
同济大学建筑与城市规划学院
– 党委副书记、纪委书记、工会主席
上海市城市困难立地绿化工程技术研究中心
– 副主任

研究方向
城乡绿地系统规划、数字景观模拟与应用、风景旅
游规划

来自孔老夫子的故里，出生于一个教师家庭，毕业于华
东师范大学，注定了与教师职业的不解之缘。一个学地
理的理科女，在一个工科院校从教 23 年，转型、交叉、
融入是工作的主旋律，而且乐此不疲。

用心做自己

求学·成长

华东师范大学是我的母校,是她把学士、硕士和博士的学位颁给了我。但如果没有三十年前的保送生推荐,也许我会就读于山东省的某个大学,也许今天会在山东的某个地方就职。

像许多女孩一样,少女时代对未来都有许多憧憬,英姿飒爽的军人、治病救人的医生是我羡慕向往的偶像,不出意外,高考也会向医科冲击。但高三备考的艰辛和心理"压力山大",当仅有的来自华东师范大学的两个保送直升名额放在我面前的时候,像一缕曙光划破了寂静的黑夜,于是我来到陌生的上海,开始学习从来没听说过的"地貌学"专业。

对新专业无论喜欢还是不喜欢,"学习踏实、刻苦认真"是我的优点,这是从小学到初中、高中接触的每个班主任给我的评语。但随着时间的投入,自然地理学、地貌与地质学、河流动力学……许多专业课程的学习使我对自然环境过程,自然资源的形成机理产生了浓厚的兴趣,渐渐地,我喜欢上了这个专业。这也对我日后"风景资源学""旅游地理学"的教学有很大帮助。

作为四年一贯的一等奖学金获得者,我因此获得了保送硕士研究生的机会。1991年开始师从梅安新教授,选择了当时新兴而时髦的地图学与遥感专业,学习遥感和GIS技术,而这个方向成为我工作后教学科研主要的内容。1993年,同济大学风景科学与旅游系主任丁文魁先生找到了导师梅先生,希望能用遥感技术辅助"青岛八大关度假区控制性详细规划",我很幸运地成为该课题组的成员,研究用航空遥感技术调查规划区的土地利用现状并建立数据库,进行开发条件的分析。课题成果受到委托方的充分肯定。不知是被这个新技术吸引还是对我的工作态度比较满意,也许兼而有之吧,当毕业季大家都在忙着找工作的时候,我已经早早地与同济大学签署了三方协议。

传道·授业

1994年的风景科学与旅游系(即现在的景观学系前身)刚刚度过她一周岁的生日,办公室和教室都在一·二九大楼,师资很少,只有六七位老师,却有城市规划设计旅游管理园林植物、文化、地理等多个专业背景,最初的三年为了满足风景区开发对规划管理人才的需求，招收的是风景区管理的专科生。

我的生活圈子从上海的西南转到了东北。由于师资不足，除了主讲"风景资源学"以外，系里安排给我另外两门课，"专业英语"和"数据库及其应用"。虽然英语六级，计算机二级的底子使我有些许接受任务的底气，但仍不敢怠慢，在一个学期的准备中，去旁听了外语系老师授课，参加了计算机培训，一学期后终于有勇气登上了三尺讲台。

"遥感与GIS概论"课程是在1996年开始招收本科生之后开设的，并一直延续至今，可以说这开创了全国同类高等院校相关专业的先例。学生们很受益，他们将所学用在毕业设计的成果里，或在出国申请的作品集里，有的在设计院工作的学生因为学过这门课而被安排在工程项目中发挥技术优势。听到这些，我自然是欢喜欣慰的，并焕发出更大的动力不断地进行教学改革，这门课后来被认定为校级精品课程。但技术发展的日新月异，使我常常感到心理发慌，怎样才能始终追随前沿，又怎么将它与风景园林规划设计的专业需求结合？于是常借出国访学和学生在国外交流的机会

了解国外的教学经验。1997年再次回母校进行深造，学习地理信息系统技术并于2000年获得博士学位。

2012年开始这份惶恐又增加了几分，凭着对数字技术飞速发展及其对专业渗透趋势的预感，开设了"数字景观技术模拟与应用"选修课，希望引导学生在未来的设计中增加新的思维方式。但这对我无疑是更大的挑战，幸而得到系里几位年轻教师的鼎力相助，顺利地将这门课程延续至今。

韩愈说，师者，传道、授业、解惑也。做了教师才发现，授业不易，传道更难。常跟我的研究生说，学做学问，一定要先学做人。跟入学的新生第一次见面，必定先送给他们四个字"诚实守信"。有的时候教师的一句话，一个行为可能会影响学生的一生。我就从我的导师那里学到了许多，读博期间，我的导师既是学术带头人，也是学院院长，平时工作繁忙，但每当我把厚厚的博士论文文稿交给他审阅时，几天后就会被召唤过去面谈，而那时的文稿上已经多了很多用铅笔写的注解或修改意见，甚至连标点符号的不妥之处也会指出来。如此三番，不厌其烦。如今这也成为我作为导师的行为规范。

科研·实践

    同济大学建筑与城市规划学院有着和谐宽松的人文环境，求真务实的教学氛围，更有脚踏实地的工程实践，在这样的环境里成长是幸运的。在许多师长的引领下，我参加了许多风景区规划、旅游规划、城市绿地系统规划的工程项目，从参与到主持，从理论到实践，从实践进而促进教学，期间也尝试着把一些思考总结成文去投稿，其中一篇发表在《城市规划汇刊》1999 年第 5 期上的论文"城市人居环境可持续发展评价指标体系研究"被引次数达到 287 次（知网数据），将我的研究兴趣引向了可持续城市生态环境的研究，综合运用遥感和地理信息技术，探讨不同尺度下绿色基础设施的生态系统服务评估与生态过程的关系及规划管控。十年后成效也逐渐显现出来：2010 年"小城镇绿地与城镇空间发展耦合研究"成为我获得资助的第一个国家自然科学基金项目，作为第三完成人完成的"特大型城市区域绿地系统规划与建设技术研究"获得"中国建研院 CABR 杯"华夏建设科学技术奖二等奖；2013 年，"转型期城乡绿地系统优化方法研究——以长江三角洲区域为例"再次获得国家自然科学基金资助。2016 年，"城市绿地空间耦合增

效理论技术研发与应用"获 2016 风景园林学会科技进步奖三等奖。城市绿地系统规划逐渐成为我进行产学研结合的主要平台，先后参与主持了十多项城市绿地系统规划项目，主编的《城市绿地系统规划》先后被列为普通高等教育土建类专业"十二五"和"十三五"规划教材。看来，今后我与绿地的缘分还要继续下去了。

家庭·角色

作为女性，随着年龄的增长会有不同的角色加身，女儿、妻子、母亲。年少时的我喜欢旅游，但自从有了家庭，家就像风筝线的一头，自己无论飞到哪里，总是系着许多牵挂。常常敬佩许多朋友自有了儿女之后对子女教育的全身心投入，晚上、周末全部用来带着孩子辗转于各种兴趣班和提高班，而我在这方面的确付出较少，因为总希望在繁杂的家务中能够保持一个独立的自我，所以从没问过现在已成年的儿子是否埋怨过在他小的时候没带他去学钢琴、学下棋、学……是否埋怨只给他找些离家近、步行可达的兴趣班而不是看教学质量。在儿子读高三的时候，一向身体很棒的父亲生病了，从此陪伴父亲求医问药成为我生活的一部分。到今天，在我每周的工作任务列表中一定有医院的名字。父母常为占用我的时间过多而过意不去，我说同我旅居海外的姐姐相比，我是幸福的，因为我还有陪伴你们的机会。

生活就像海洋，有人想激起浪花，试一试自己的深浅。于我而言，从未幻想过惊涛骇浪，只希望能忠于自己，诚实地面对每一天的生活，让日子自始至终细水长流。蓦然回首，却也已驶离出发的地方很远很远。

		3
1	2	4

1　访问台湾东海大学
2　院庆 60 周年成果展
3　在德国鲁尔大学担任夏令营指导教师
4　在美国弗吉尼亚理工及州立大学访学

学术年表

1991　　　获华东师范大学地理学学士学位
1994　　　获华东师范大学地图学与遥感硕士学位
2000　　　获华东师范大学地理学博士学位
1994—至今　同济大学建筑与城市规划学院任教
2009　　　美国弗吉尼亚理工及州立大学访问学者

主持科研

1995　　　福建省闽侯县十八重溪申报国家级风景区申报工作

2000　　　河北省承德市平泉县旅游总体规划

2002　　　宁波市重大建设科技攻关项目：宁波市江北中心城区城市景观系统与
　　　　　优化配置综合分析研究

2004　　　苏州生态市建设纲要之生态旅游规划
　　　　　甘肃省通渭县温泉度假区详细规划

2005　　　上海市绿化和市容管理局重点项目：上海市城乡一体化绿化规划
　　　　　阿克苏城市绿地系统规划
　　　　　甘肃省渭源县旅游总体规划
　　　　　安徽六安市城市绿地系统规划

2006　　　黑龙江双鸭山市安邦河流域生态概念规划
　　　　　无锡市城市绿地系统规划
　　　　　"十一五"国家科技支撑计划重大项目：村镇空间规划与土地利用关键
　　　　　技术研究，子课题负责人

2007　　　无锡市城市森林建设总体规划
　　　　　河南省西峡县城景观水系绿地规划
　　　　　山东省滕州市城市绿地系统规划

2008	"十一五"国家科技支撑计划项目: 城镇绿地空间结构与生态优化关键技术研究, 子课题负责人
	河南省商丘市拓城景观水系规划及重点滨水区详细规划
2010	国家自然科学基金资助项目"小城镇绿地与城镇空间发展耦合研究 (51078279) "
	青海省北山国家森林公园总体规划
2012	常州市城市绿地系统规划修编相关专项研究
	江西省遂川县神山森林公园概念规划
	"中华人民共和国林业行业标准: 国家级森林公园总体规划规范 (LY/T 2005–2012) ", 第四完成人
	"十二五"国家科技支撑计划项目: 城镇群高密度空间效能优化关机技术研究, 专题负责人
2013	国家自然科学基金资助项目: "转型期城乡绿地系统优化方法研究——以长江三角洲区域为例 (51378364) "
2014	山东省滕州市城市绿地系统规划修编

出版著作

| 2011 | 《城市绿地系统规划》 (刘颂 等编著) |
| | 中国建筑工业出版社 |

获奖情况

2000	1999—2000 年度李国豪奖教金一等奖, 同济大学三八红旗手
2010	获得"中国建研院 CABR 杯"华夏建设科学技术奖二等奖
2013	指导学生获首届全国风景园林专业学位研究生优秀学位论文
2014	获得第二届全国风景园林专业学位先进教育工作者称号
2016	获 2016 风景园林学会科技进步奖三等奖

/ 滕州市城市绿地系统规划 (2014—2030)

/ 江西省遂川县神山森林公园概念规划

亲友评价

很幸运能成为刘老师的学生，作为人师，谨身修行，重授"渔"之道；其"俭"成为学生们摒弃炫耀浮夸所崇尚的审美标准；其"善"使身陷困境中的学生获得帮助，感受温暖；其"孝"令我们意识到为人子女应尽的责任与义务；其"淡"无论顺境逆境依然平常心对待，物欲中淡泊，风浪中平静，困难中坦然。在"渔、俭、善、孝、淡"中她成为学生们正直做人的楷模。

—— 刘蕾 学生

上大学之前，只看到母亲为家务忙碌的身影，进入建筑系学习之后，和母亲有了更多专业上的交流，也得以见到更多面的她。但比起母亲在工作上的成绩，让我更加佩服的是什么样的能量能让她在辛苦工作之余仍能给予家庭和长辈如此多的爱和关怀。

—— 吴鼎闻（建筑系 2015 级学生） 儿子

陶艺雕塑家

刘 秀 兰
LIU XIULAN

06

现任
同济大学建筑与城市规划学院建筑系
– 教授
中国美术家协会
– 会员
中国雕塑学会
– 会员
中国陶瓷工业协会陶瓷艺术委员会
– 常务理事

研究方向
美术基础与雕塑教学

我的个人创作可以用"融情入泥、塑出气韵"这八个字概括。运用雕塑大写意的语言造型，结合陶艺的表现技法，让手中的泥土焕发出新的生命之光。

教学中的泥塑人生

我出生在中国著名瓷乡潮汕，父兄是当地有名的音乐爱好者。在家庭浓厚艺术气息的熏陶下，我从小喜欢玩捏陶土、涂涂画画、以泥为伴，并跟着哥哥姐姐学习传统陶瓷技艺，从此与泥土结下了不解之缘，并走上了为之终身奋斗的陶艺事业之路。

我除了以泥为友，也十分注意从各种姐妹艺术中吸取营养，东西方艺术造型训练方式都有所涉猎。1981年进入广州美术学院雕塑系进修学习，得到雕塑大师潘鹤的指点和曹崇恩、胡博教授的言传身教，造型基础及创作理念有了质的提高。1983年，我终于顺利考入了中国景德镇陶瓷学院（现为陶瓷大学）雕塑专业，并师从陶艺雕塑大师周国桢及著名雕塑家杨剑平、尹一鹏教授等。几年学习，获益非浅。

1987年从中国景德镇陶瓷学院毕业后进入同济大学建筑与城市规划学院从事建筑学美术基础和雕塑教学。同济大学浓郁的学术气息为我营造了良好的创作氛围，上海开放多元的都市活力激发了我的创作灵感，使我进入了创作的旺盛期。三十多年来，我一边兢兢业业地从事教学工作，一边迈向更高的艺术境界。

写意的创作

我的个人创作可以用"融情入泥、塑出气韵"这八个字概括。运用雕塑大写意的语言造型，结合陶艺的表现技法，让手中的泥土焕发出新的生命之光。我深知自然给了我们一切，自然创造出千变万化的物质世界，我们也从自然中发现和认识美。陶土来源于大自然，是丰富的和难以言传的自然瑰宝，其具有可塑性和偶发性。陶艺雕塑区别于纯粹的雕塑之处就在于利用陶土不同的特性，给予了艺术家充分发挥创造力的空间，并且充满了偶然性。柔软的陶土在经过烧制之后变得坚毅、刚挺，这样的过程是创作者的思想和自然的规律交融的结果。我在反复实践和摸索中逐渐形成打泥片成型技法以泥片作为雕塑的造型基础，灵活运用卷曲、贴片、摁压、线刻等多种手法，形成各种人物形态。让心的灵智，通过手的运作来完成与泥土的融合。经过火的锤炼，材料、形式语言与作品的主题形成统一。泥片的柔软性、延展性和可塑性使得我能将自己的奇思妙想表达出来，创作中大量采用夸张、写意的手法，手中的泥片也成为变化无穷的软性材料，最大限度地表现了雕塑的延展性、饱满感及无限张力。

我所塑造的人物造型是静态的，但我追求于宁静之中聚积某种动势：人物的眉眼、嘴唇、忽粗忽细的线条活泼生动，所有的人物好像共同摇晃在一阵古典韵律之中。东晋顾恺之在论画时引用嵇康的诗句，他说"手挥五弦易，目送归鸿难"，意思是涉及人物的精神活动，尤其眼神的表达，是需要"点睛"之笔的。在"肖像系列""宫女系列""米儿系列""淑女""艺术家"系列中，我最爱它们的眼睛：有时是细细浅浅的一根线，有时是细小的眼缝中嵌上浅色的陶土，有时只是朦朦胧胧的隆起，并没有实体的眼睛，只留出眼睑的轮廓，激发观者的想象。那微微张开的唇，像是用刻刀精细描上的，诉说着若有若无的思念；而鼻子和下巴，常常呈现出一些泥巴入窑后自然的开裂，与光滑的肌肤表面呈现出有趣的对比。结合泥片特征塑造的人物的衣纹，头发的弯曲，与人物整体气质相得益彰，呈现出语言表达与思想情感的高度统一，然而在创作的时候，我却常常使用自然而轻松的手法。古人云："文章自天成，妙手偶得之"，我想，雕塑也是这样，他们的生命力很大一部分来源于天地气象，人工刻意为之的只是生命的容器，却不能是生命本身。

对写意手法的坚持也源于我对天地人和、行云流水的自然和谐意境的追求。我乐于将意境融入作品中、将情感融入陶器里，在线条和造型的把握上强调动静结合、韵律和谐。陶艺创作于我而言已成为生命的一部分，每一件作品都如同我生命的延伸和思想的再现，无言的泥土和有形的艺术相结合让自然和谐的美，在人与自然、人与陶、人与人之间产生共鸣。把我的生活感受、人生领悟和喜怒哀乐抽象地表现出来，我以手中的泥土宣泄着内心的情感，在泥土中揉进了人生的喜悦、忧愁、快乐和忧伤。泥土早已成了我生命的伴侣，倾诉着我对生活的无言的热爱。一件件作品在手中一一诞生，它们就像我的孩子，每一件都寄托着母亲对女儿的牵挂，也承载着我对人生、生命、人性的所思所感。

在雕塑陶艺的创作中，制作工艺之复杂、高报废率的打击让许多人中途放弃。想顺利完成成品，既需要注意陶土的干湿度变化，又不可忽略气候的

/ 2013 年和·悦中意雕塑双人展开幕致词

/ 学生在雕塑课上进行创作

转变，还需精心掌握烧窑火候，从构思、打稿、制作、烧制完成，通常需要几个月。精益求精要有良好的心情，为了准确表现人物神情，时常推倒重来甚至不惜做上五六个、七八个才满意。艺术源于生活而不局限于生活，创作纵使有千辛万苦也值得，或者说有了艰辛才有了快乐。

现代陶艺的发展，不能与传统对立起来，而是在与传统的对话中建立起自己的特性。这一特性既能适合于现代人的审美需求，又蕴含了传统的文化元素，浸润着中华民族的风韵。如何在现代形式意味中寻求更多的可能性与多样性？如何不拘一格去表现丰富的内质？如何利用传统材质诠释当代人文情怀？如何在这个矛盾冲撞与融合过程中完成自身的人格升华？如何将外界作用与内心独白去感受陶艺的自觉？如何在砥砺中完善拓展新的艺术形态？在创作中，我不断追问这些问题，这些在现代陶艺雕塑创作道路上的不懈探索，使我感到难以言表的喜悦。

写实的教学

在诚心钻研陶艺雕塑之外，我在教学上也倾注了大量的心血。1994 年，我成为在同济大学第一位开设雕塑课程的老师，面向建筑城规学院的学生传授雕塑知识；2001 年，开始正式面向全校各专业学生开设雕塑选修课。经过二十多年来的教学，我认真的教学态度和对于雕塑技艺的热情，感染了学生，使得雕塑选修课成为每年的热门课程，深受学生喜爱，只有二十多个名额却吸引了数百名学生报名；2012 年 2 月，我又开设了向国际留学生开放的雕塑双语课，希望以此建立良好的艺术氛围，进行更充分的国际文化交流；2013 年 2 月，开设了造型艺术课程，让学生对动手能力有了更深刻的理解和提高。在 2016 年 2 月雕塑空间艺术课程为研究生开设，使这门课程的建设有了更深层次的探索、研究和拓展。

在建筑教学时，需要培养学生的雕塑创作能力，使学生能够适应建筑设计的发展方向。雕塑与建筑虽然有很多共同点，但是作为不同的艺术形式，两者还是有明显差异，不能简单地将雕塑的手法直接运用到建筑设计中去，这样必然会导致建筑设计变成建筑表皮设计。在建筑设计教学中，应当以雕塑创作作为培养学生空间理解能力和空间创造能力的一种方法，最终让更多的学生能够将雕塑的语言融入到建筑中，从自然界中吸取灵感，创造出更加生动、艺术的建筑空间和标志性的建筑物。

同时，艺术的教学方法是形式多样、精彩纷呈的，没有一成不变的审美法则，不同的教师有不同的教学手段和方法，让学生学到丰富的知识需要良好的环境和气氛，而只有创造好的环境，才能够让学生发挥其创造力和想象力，这样的教学内容和形式值得各大院校提倡和推广。

我在课堂上，对学生悉心授导艺术基础知识和雕塑艺术手法；在课堂之外，带着学生前往安徽、江西等地进行艺术实践；在办公室，和学生聊天谈心、解惑答疑。在我看来高校雕塑设计教育应该将视野放到社会各层次的不同受众面，高校教育应思考的问题不应只是如何制定自身教学内容、传授技能那么简单，还应负担起为社会培养更多具有一定雕塑艺术素质的综合性人才，让公共文化为大众所认同。

对我而言，学生的文化素养得以提升，学生的优秀作品得以展示，就是最好的回报。

/ 2015 年 6 月在米兰访问及艺术交流，与米兰伦巴第文化教育部主任瓦伦蒂纳女士合影

学术年表

1981	广州美术学院雕塑系进修
1983—1987	中国景德镇陶瓷学院（现为陶瓷大学）雕塑专业
1987—至今	同济大学建筑与城规学院任教

学术交流 / 展览

1989	与几位艺术家举办了"现代公共艺术展"。该展在上海美术家画廊、和平饭店、同济大学等地巡回展出，在上海美术界影响很大，其中作品《少女》入选"上海解放 40 周年美术作品展"
1998	作品《壶之三》入选"第 13 届亚洲国际艺术展"，被马来西亚艺术学院永久收藏 作品《展》入选"中国宜兴中外陶艺家作品邀请展"及研讨会
2003	作品《伴奏者》入选"我们的视野：2003 上海青年美术大展"，并受邀参加挪威奥斯陆国际陶艺研讨会及艺术交流活动
2004	作品《伴奏者》入选"中国景德镇国际陶瓷艺术教育大会邀请展" 作品《米儿》入选"第十届全国美术作品（上海展）暨庆祝上海解放 55 周年美术作品展" 作品《米儿》入选"第十届全国美术作品展览·雕塑展" 作品《米儿》《筝》《笛》《小米儿》《魂》《泣》《主妇》参加"第十届海平线绘画·雕塑联展"，作品《筝》被明园艺术中心永久收藏 为澳大利亚冰盒子 (ICEBOX) 公司设计作品《魂》《邀》，被永久陈列收藏
2005	为庆祝复旦大学校庆设计作品《节》，并被永久收藏 作品《贵妇人》《小胖子》入选"中国宜兴国际陶艺邀请展"，作品《小胖子》被宜兴博物馆永久收藏

为广东外语外贸大学校庆设计作品《根·蓉》，被永久陈列收藏
作品《魂》《泣》入选"上海国际城市雕塑双年展"
作品《花季》入选"上海美术大展"

2006   作品《回忆往事》《翰林》入选"第二届中国现代工艺美术展"

2008   作品《现代人》《萨娃》入选"第四届全国中青年艺术家推荐展"，作品
《萨娃》被明园艺术中心永久收藏

2009   作品《陆羽》入选庆祝建国 60 周年上海美术作品展暨第五届上海美
术大展
作品《陆羽》入选"第十一届全国美术作品展·雕塑展"
作品《唐仕女》《小米儿》 参加"第十三届上海艺术博览会"绘画雕
塑联展

2010   作品《望月》参加"百年·女性——中外女艺术家邀请展"
作品《陆羽》被 2010 年上海世博会中国国家馆贵宾厅永久陈列收藏
作品《宿》入选"光华百年——世界华人庆世博美术大展"

2011   作品《诸子系列之 2》入选"庆祝建党 90 周年第六届上海美术大展"
作品《艺术家 2》《仕女 4》入选第五届全国中青年艺术家邀请展

2012   为庆祝同济大学 105 周年设计创作工科创始人《贝伦子》雕像，置于
同济大学嘉定校区
作品《望月》《诸子系列之 2》《现代人》参加"同舟共济六十载美术
作品展"

2013   举办"和·悦"中意雕塑双人展，(多美尼佳·意大利 & 刘秀兰·中国) 由
意大利总领馆和同济大学建筑城规学院主办
作品《诸子系列之 3》入选第七届上海美术大展
作品《高山流水》《韵逸》《云彩壶》入选第六届大鱼小壶国际茶壶
竞赛展 (美国)

2014   作品《诸子系列之 3》入选第十二届全国美术作品展
作品《诸子系列之 2》参加"追梦时空"上海雕塑艺术邀请展

2015   《大学生》参加"品陶说瓷"当代陶瓷艺术家作品展

2016   在上海东方文化传播中心"东传轩"举办刘秀兰个人雕塑作品展
作品《唐韵系列》参加上海城市当代雕塑与装置艺术博览邀请展
作品《争艳》参加"五月花"全国女陶艺家作品展

出版著作

2004 　　　《走近陶艺》（刘秀兰 主编，谢艾格 编著）
　　　　　　东华大学出版社

2005 　　　《2004 海平线绘画·雕塑联展艺术家丛书——刘秀兰》（张培础 主编）
　　　　　　上海大学出版社

2012 　　　《泥·韵——刘秀兰雕塑艺术》（刘秀兰 编著）
　　　　　　上海人民美术出版社

2013 　　　《雕塑与建筑和环境》（刘庆安、刘秀兰 编著）
　　　　　　同济大学出版社

/ 2008 年 11 月，作品《现代人》入选第四届全国中青年艺术家推荐展

获奖情况

1994	《壶之一》"全国第五届陶瓷艺术设计创新评比展"获入选奖
1996	《愚者》(合作)"中日陶艺展"获中日友好协会会长平山郁夫奖和文部大臣奖
2000	《浮变》"第二届中国(国家级)工艺美术大师精品展"暨优秀作品评选荣获铜奖
2001	《魂》入选"上海国际艺术节第三届中国工艺美术大师精品博览会"获铜奖
2002	《宫女之——吹笛》入选"纪念毛泽东同志在延安文艺座谈会上讲话发表60周年全国美术作品展"获优秀奖(最高奖)
	"宫女系列"作品入选"第七届全国陶瓷艺术设计创新评比展"获优秀奖
2003	《高士》入选"上海国际艺术节第五届中国工艺美术大师精品博览会"获银奖
2004	《伴奏者》入选"首届中国现代工艺美术展"获铜奖
2005	《壶系列·清风》入选"上海市科教党委系统'廉洁勤政'文学艺术创作展"获创意类二等奖
2006	《淑女》入选"第八届全国陶瓷艺术设计创新评比展"获铜奖
2007	《贵妇人》《回忆往事》入选"首届中国美术教师艺术作品年度展"获入围奖
2008	《春》《睿》入选"联合国教科文组织国际陶艺学会第43届国际陶艺大会学术交流优秀作品展"获优秀奖(最高奖)
2010	《玄机》入选"第九届全国陶瓷艺术设计创新评比展"获铜奖
2015	《唐韵系列之2》入选"中国陶瓷艺术大展暨第十届全国陶瓷艺术设计创新评比展"获优秀奖

/《伴奏者》

/《米儿》

/《茶圣陆羽》

/《诸子系列之三》

《伴奏者》空缺的乐器和轻盈舞动的手指给人无限的联想空间，音乐的韵律和美感由此被放大到极致。

《米儿》将母爱融入作品，于少女的温暖和纯净中展现青春与朝气。

《茶圣陆羽》陆羽在品茶后撰写《茶经》的那一刻，即大师于品茶小憩时陷入沉思的状态，力图体现陆羽"精行俭德"的座右铭。

《诸子系列之三》取材于春秋战国时期的诸子，他沉静的表象背后是强大的灵魂力量。造型简洁处理，表现文人乐观而悠然。

亲友评价

她在家人眼里，是一个以事业为重、对待工作精益求精、力求达到完美的一个人。她对自己事业的追求从未停止，不断地克服艺术道路上遇到的每一个困难。她善于充分利用每一秒时间，每次春节回家探亲，只要一有空，就拿起手中的画笔，开始她的构思设想，难怪家人常埋怨，这哪像是回家休假，把休假的时间也当作是上班的时间，一刻也不得闲。虽然她忙于工作，但从未忘记亲朋好友和帮助过她的人，每次回家探亲都会抽空探望他们，顺便送些小礼物。她对工作一丝不苟的追求和乐善对人的态度，感染着家里的每一个人。

一 亲人

本科期间，我有幸上了刘秀兰老师的美术课，并且选修了刘老师的雕塑课。刘老师深厚的艺术造诣以及严谨的教学态度，让学生受益匪浅。刘老师上课时，深入浅出地给学生教授理论知识，耐心地讲解知识点，在学生练习时，为每位学生耐心指导，并且在课堂教学之外，带学生在校园内写生，丰富了教学内容。在异地写生期间，顶着烈日酷暑，耐心为学生指导。由于刘老师兢兢业业的教学态度、深厚的艺术功底以及和蔼可亲的性格，在培养了一届又一届的优秀学生的同时，也赢得了学生们的喜爱。刘老师是一位值得尊敬的好老师！

一 学生

刘秀兰的陶艺雕塑作品朴实简洁，不仅具有女性艺术家细腻的特质，更有着明显的意象造型和以形写神的个人面貌。她塑造的人物，神态表情安详宁静，人物体态概括洗练。她以宜兴陶泥为原料，很好地利用了材料古朴天然的性质，恰当地表达出自我的艺术追求和独特感受。

一 肖素红 （上海美术学院教授）朋友

同济大学建筑与城市规划学院建筑系博士
法国巴黎第一大学访问学者

现任

同济大学建筑与城市规划学院建筑系
- 教授、博士生导师，学科团队责任教授

Journal of Architecture（英）
- 海外编委

《建筑遗产》
- 编委

《同济大学学报》（社会科学版）
- 编委

国际现代建筑保护理事会 (Docomomo) 中国委员会
- 委员

上海市建筑学会历史保护专业委员会
- 委员

研究方向

西方建筑历史与现代建筑理论
中国近代建筑史与建筑遗产保护

学建筑是偶然，当上人民教师或许有基因作用，幸运的
是两样都喜欢。从教已 26 载，教授西方建筑史是我的
主业，保护上海近代建筑是我的拓展。建筑史领我认识
世界，遗产保护带我阅读城市。永远在路上。

07 卢永毅
LU YONGYI

学教建筑史

曾有研究生问："老师，我学位论文主题想选建筑史中的女性问题，您看怎样？"我当时没太犹豫就否定了她的想法，因为一是觉得毫无研究积累，二是感到把西方时髦话题硬生生移过来可能不接地气。今日，我要和女同事们一起谈点有特色的工作感想，自然勾起回忆，甚至在想学生当时的提议或许能成就一部别开生面的建筑史。只叹至今对此领域仍所知甚少，因此就转而谈点自己在边学边教建筑史过程中的体会，也谈谈如何认识建筑历史的丰富性。丰富并非指历史上有多少流派、大师和作品，而是想说说，历史的叙述其实是多种多样的。

1980 年我考入浙江大学学建筑，满怀憧憬，也懵懂无知。老师引路，一套教科书几乎是专业启蒙的全部读本。现在回想起来，初学时有几件印象深刻的事，或许冥冥之中已为我指点了未来的道路。

一件是，同济大学罗小未先生带着刚从美国考察的成果，来演讲西方战后现代建筑。从沙里宁的纽约肯尼迪机场到贝聿铭的华盛顿国家美术馆东馆，罗先生娓娓道来，大量图片，极富现场感。要知道，那是我第一次看到用彩色柯达幻灯片展示外国现代建筑，那种视觉震撼现在的同学们很难想象！另一件是，清华大学汪坦先生访问美国归来，也为我们带来一场报告。因有早年曾跟随著名建筑师赖特学习的经历，汪先生讲述老师的作品极为动情，仿佛是要领着我们身临其境地在流动的空间里穿越，吮吸大师的超凡灵韵。当他竟以"老人家"称呼回忆赖特时，着实让我惊诧，心想除了"伟大领袖"，我们还可以如此尊崇一位建筑师？当然，对外国建筑史学习的兴趣也离不开当时的任课老师吴海遥，他不仅有生动流畅的讲解，而且还总能亮出精致的黑白幻灯片，让我们结识一个个欧美建筑名作。后来才知道，吴老师原来是罗先生"文革"后的第一位研究生。

在资讯匮乏的年代，外建史无疑是一扇神奇的世界之窗，打开了一幅人类建造成就的漫漫长卷，它虽以西方建筑史为主，但足已让我目不暇接。历史的画面跌宕起伏，并以典型风格特征的描绘分成章节，于是我们认识了古希腊、古罗马建筑，哥特式建筑和文艺复兴建筑。这样的梳理就像一把钥匙，开启了进入建筑艺术王国的大门，也让我们学到了一种对于中国建筑历史的阅读方式。

20世纪80年代后期，我幸运地在同济直接跟随罗小未先生学建筑史，也亲历了西方后现代主义风潮席卷国内建筑界的过程。那个时代，主流历史观是建筑风格必然呈现时代精神，历史的任务就是对每一种风格如何从萌发到成熟再到被新风格取代的过程进行叙述和阐释。比如，20世纪现代建筑战胜19世纪腐朽的复古主义是不可阻挡的历史潮流，而后现代主义的兴起将弥补现代建筑的不足，仍是时代进程的必然。对这样的进步史观我也一度深信不疑。

20世纪90年代我有幸成为一名西方建筑史教师，真切体会到要稳健从容地迈上讲台有多么不易。备课是永远的进行时，填补知识的千疮百孔又是永远的未完成时。渐渐地，我也开始意识到，前辈们的历史教学中其实包含了多样的观点。印象最深的是罗先生的一段回忆：文革期间她被告诫要将埃及金字塔解释成"奴隶主压迫奴隶的血淋淋的历史见证"，但她暗自困惑，觉得建筑史不能仅成为阶级斗争史的注解。她还提到，文革后参与编写《外国近现代建筑史》教材时，她还建议讲现代建筑运动不要只有四个大师，北欧的阿尔托也应列入其

中。罗先生坚持建筑史是一部文化史，是一个时代社会状况、宗教信仰、生活习俗、艺术理想以及建造技术等综合因素下的产物。

伴随更多的学术交流和教学思考，我的史学认识也不断成长。比如，有史学家以空间演变叙述历史，我理解是出于对风格史的不满，认为那种形式分析与绘画史毫无二致的。的确，19世纪的古典复兴究竟与文艺复兴有何根本区别？勒·柯布西耶说了"住宅是居住的机器"后为何还要说"建筑是体块在阳光下精巧、正确而辉煌的表演"？风格分析难以回应这样的问题。后来了解到有一种叫图像学的方法拓展到了建筑史研究，用以穿透风格的表象，探究作品背后的形式结构和文化内涵。但图像学时而也被批评为"盲人的艺术史"，因为用大量外在文本来阐释作品内容，容易忽视艺术自身的个性特征而脱离历史。然而就我们以远距离"观看"西方的学习方式，图像学确能提醒我们关注文化的差异性。中西之别看似显然，却很容易让人掉入误读的深谷。比如对帕拉迪奥圆厅别墅，形式完美但功能不佳的评价看上去无懈可击，实则往往有主观的想当然。其实，文化差异不仅存

/ 1996 年首次出访，参观威尼斯历史环境与建筑

/ 1996 年在意大利访问，开始了同济与帕维亚大学、米兰工学院的交流

在于中西之间，甚至也在古今之间。古人谈美，谈适用，并非是我们现在的理解。所谓"过往是他乡"，对于我们自己来说早已是一个沉甸甸的事实！

历史的宏大叙事和整体描绘在20世纪后期遭到越来越多的质疑，各种形状的史学不断地涌现出来，去揭开历史更复杂的面相。比如，人物传记式的研究又热闹起来，因为像伯尼尼和波罗米尼这两个生活在同时代同城市的冤家，只用巴洛克风格的整体特征去解释他们的作品，就难以分辨两位天才各自的才华。如今，以地域、类型或各种主题的建筑历史研究如雨后春笋般涌现，从荷兰国际式到法西斯意大利的建筑，从监狱原型到社会住宅，从建构文化到地域气候中的乡土建造史，真是难以穷举。多学科的成果也被不断引进，有符号学、人类学、现象学甚至精神分析学等，当然还有女性主义，它们推动着建筑史走向历史深处探究发现，进而也带动了学科边界的调整，丰厚了建筑理论的沃土。

在建筑史的文本中，图是不可或缺的组成。当年皮拉内西曾以绘制大量古罗马遗址的铜版画，引发业内外人士按图索骥，壮游怀古。20世纪的建筑史学家更是深谙现代媒体的传播优势，以独特的镜头以及穿越历史的图像并置，引导读者阅读过去，连接当下，甚至去构想未来的景象。历史学家先我们一步在历史中做了选择，有时几张照片和几根线条，就能让我们对未曾谋面的作品顶礼膜拜，如果有朝一日我们亲临现场发现实际对象大异其趣，其实也不足为怪。事实上，尽管摄影术中隐藏"骗局"，我们却从未冷落过这种建筑"写真"，甚至还会占尽现场访问的时间疯狂拍摄，然后带着整理不完的图片回家，走进图片日志，重新在历史名作中"流连忘返"。这种观看形式会制造错觉还是带来发现，关键在于我们的洞察能力。埃文斯在阅读为密斯的巴塞罗那德国馆拍摄的一连串照片后，写出了"似是而非的对称"这样的美篇，着实呈现了智者的独具慧眼。

历史植根于事实，但不是罗列史料。我们带着问题走近历史，又在历史的画卷中发现了更多等待破译的密码。如今想起第一次造访萨伏依别墅，仍是回味无穷：那充满仪式感的中心坡道，那坡道旁赫然放置的标准化生产的立式洗手盆，那空寂的场地，还有那三尺见方的所谓屋顶花园……本以为了解的现代建筑名作，其实到了现场仍可以万般陌生。

历史有何用？历史其实就是一种发现，一种追问，没有了它，建筑学的知识积累和理论建构难有根基，建筑文化的交流亦止于浅表。历史不是包袱，而是开放的园地，是培育创新设计的土壤。事实上，即使是最激进的现代建筑师，其思想和形式的探索往往仍离不开历史的深度浸润，而后现代时期的诸多建筑师，更是"操练历史记忆的行家"，在游走于高雅与低俗、精英与民间的旅程中，为建筑铺就又一层文化底色。

让历史告诉未来或许是一种奢望，我们也应警惕历史中可能隐藏的谬误。不过，若是我们在飞向未来的狂喜中、在一张白板 (tabular rasa) 上自由畅想时真的感到有些失魂落魄，那么历史总是静候在那里，让我们走进它，从中找到关照现实的镜子，甚至是一个继续迈步前行的支点。

教历史的乐趣多多，它不仅让我拥有一群群学生，还教我不断寻找一连串的问题，并允许我随时请出某位历史上的建筑师或赞助人，甚至还有历史学家，同他们一起，对着那些精彩的作品，开启一场又一场机智的对话。

/ 2003 年访问佛罗伦萨时登上主教堂穹顶参观

/ 2001—2003 年与邵甬老师以及研究生刘刚、魏闳、李燕宁等完成的上海思南路历史街区（位于近代上海法租界内）
保护与再利用的规划设计研究

学术年表

1984	浙江大学土木系建筑学专业学士学位
1987	同济大学建筑与城市规划学院建筑系硕士学位
1990	同济大学建筑与城市规划学院建筑系博士学位
1990一至今	同济大学建筑与城市规划学院建筑系任教,历任讲师、副教授、教授、外国建筑史与现代建筑理论学科团队责任教授
1999—2000	法国巴黎第一大学等机构访问学者

主讲课程

建筑理论与历史 (建筑学本科)
西方建筑史专题 (建筑学研究生)
建筑设计中的历史向度 (建筑学研究生)
建筑理论前沿 (建筑学博士研究生)

主持科研

2002	合作主持上海卢湾区思南路花园住宅区 (47号街坊) 保护与整治规划研究
2004	主持上海卢湾区绍兴路地区保护规划研究
2005	参与上海历史文化保护与旧城更新协调机制研究, 主持分课题"世博后滩地区工业遗产调查与保护研究"

2007	参与"十一五"国家科技部科技支撑计划课题"既有建筑可持续利用与综合改造技术研究"(常青教授主持),主持分课题"历史建筑的信息建档与价值评估"
2008	主持上海市历史文化风貌区和优秀历史建筑保护条例修订的立法研究
2010	主持卢湾区南昌路、思南路地区风貌道路保护规划研究
2011	主持国家自然科学基金"西方现代主义建筑思想与设计实践在中国的移植与转化,1920s—1950s"(项目批准号: 51078278,为期三年)参与中国工程院咨询研究项目"当代中国建筑设计现状与发展研究"(2011-XD-26,程泰宁院士主持)主持完成分课题"跨文化对话与中国建筑实践"以及"后工业社会中的文化竞争与文化资源研究"(为期三年)
2012	主持上海华东政法大学(前圣约翰大学)校园建筑历史研究及保护规划
2014	主持上海市住房保障和房屋管理局"第五批上海市优秀历史建筑保护技术规定编制"
2015	主持国家自然科学基金"西方现代建筑史的中国叙述研究及其建筑史教学新探"(项目批准号: 51478316,为期四年)

获奖情况

2001	"建立我国建筑历史与理论教学的新体系"获上海市优秀教学成果三等奖(主持)
2004	"上海卢湾区思南路花园住宅区保护规划研究"(合作)获2003年度上海市优秀城市规划设计三等奖
2004	"建筑理论与历史"课程获上海市高校精品课程(联合主持)
2008	"建筑理论与历史"课程获全国高校精品课程(联合主持)
2014	"十年磨砺、以应国需——创建我国历史建筑保护专业教育体系"获上海市教学成果二等奖(主要参与人)
2015	"城市阅读"获国家级精品视频公开课(主要参与人)

出版著作

1997	《工业设计史》（卢永毅、罗小未 著）
	台湾田园城市文化事业有限公司
2004	建设部十五全国重点教材《外国近现代建筑史》（罗小未 主编）
	中国建筑工业出版社；主持编写第六章
2009	《当代建筑理论的多维视野》（卢永毅 主编）
	中国建筑工业出版社；主编并撰文
2010	《谭垣纪念文集》（同济大学建筑与城市规划学院 主编）
	中国建筑工业出版社；执行编委、策划并撰文
2012	《黄作燊纪念文集》（同济大学建筑与城市规划学院 主编）
	中国建筑工业出版社；执行编委、策划并撰文
2015	《罗小未文集》（罗小未 著）
	同济大学出版社；执行编委、策划
	《建筑与现代性，一份评论稿》（〔比利时〕希尔德·海嫩 著，卢永毅、周鸣浩 译），商务印书馆
2016	《中国近代建筑史》（赖德霖、伍江、徐苏斌 主编）
	中国建筑工业出版社；主持撰写第二卷第六章第 6 节，以及第四卷第十三章

/ 参与编撰的出版作品

亲友评价

天下最好的女儿是你，你最好的品质是有一颗善良美好而又求知若渴的心，愿你用毕生的精力将此心传给学生！

— 父亲 & 母亲

当年读研，卢儿是大家的小妹妹。她对建筑历史文化的强烈好奇心，诱发了极大的专业探索热情，几十年过去，她还像那个当年求知若渴的研究生，却已经有了自己对建筑历史深入的理解和见解。怀念我们挤在巴黎宿舍里的日子，没有卢儿，就不会有我那本《带一本书去巴黎》。

— 林达（旅美作家） 闺蜜

想来我已入卢师师门十余年了，跟从恩师游学既久，虽时空交错，白驹过隙，竟无丝毫远离之感，至今仍深深着迷于先生优雅沉潜的个人魅力，肃然于先生坦诚求真的学术品格，更经由老师的引领教育，受益于师门容包并蓄的亲和多元，真是三生有幸。

— 段建强 博士毕业生
(河南工业大学城市更新与遗产保护研究所所长)

太太平常从不"买买买"，倒不是怕花钱，而是很难淘到中意的东西。不过她的确忙个没完，地铁里那幅标上线路的上海地图是她作为市政协委员呼吁来的，历史建筑的保护也有她的汗水。她还经常在家备课到深夜，我和女儿相信她一定是个好老师。

— 丈夫

梅青
MEI QING

08

香港中文大学建筑哲学博士学位
香港中文大学博士后

现任
同济大学建筑与城市规划学院建筑系
– 教授、博士生导师
联合国教科文组织亚太地区世界遗产培训与研究上
海中心
– 顾问专家
2008 年至今为中国古迹遗址理事会 (ICOMOS
China) 与国际古迹遗址理事会共享遗产 (ICOMOS
ISC SBH)
– 专家委员
2012 年至今为美国美国建筑史学会
– 会员

研究方向
中外建筑交流史、历史建筑保护工程、
中国及东南亚建筑遗产等

人生之旅

每个人都有青涩的成长历程。1981年，我从沈阳市重点高中二十中学考取了南京工学院建筑系（现东南大学建筑学院）。虽然我懵懂地踏上南行之路，但感觉江南并不陌生，因为得到了父母"孔雀东南飞"的人生设计。我很庆幸大学四年的学习，最喜欢建筑考察与美术实习课，因为绘画、写生、测绘、考察，长途与短途旅行，让一颗年轻的心，能够眼见并体验世界之美。1985年，我顺利考取刘先觉教授门下进行硕士研究生学习，1988年春顺利毕业被分配到厦门大学建筑系任教。从四季分明的南京到温暖如春的厦门，从工科为主的东南大学转向人文强项的厦门大学，从学生到教师的转型，在厦门大学我有生活和工作并举的幸福感。厦门大学素有南方之强美誉，也是爱国华侨领袖陈嘉庚亲自选址，背依五老峰面向大海的最美校园。在厦门大学的8年工作中，使我获得了事业、工作和生活的喜悦与丰收。1993年10月的某一天，我在厦门大学迎接了香港中文大学来访的寻求合作与研究协助的两位学者，激发我后来进一步深造学习，亦成为我后来在香港中文大学博士研究的引路人。1995年在香港中文大学召开的中国建筑史国际研讨会，开阔了我的视野，也唤醒了我沉睡已久的学术梦想，从此展开了学术探索的新篇章。

香港中文大学的成立与我出生同年。本为荒山农田，在1995年我首次入住雅礼宾馆后就立刻喜欢上了这座漫山遍野的校园。这里有位于山顶的新亚书院和钱穆图书馆，有坐落在山腰处的逸夫书院，而最早的崇基学院从农田和河溪之畔拔地而起，成为环绕未圆湖的早期校园。临近有一座小巧的崇基教堂与神学院宿舍楼，这是我每日从建筑系返回住所的必经之地。溪水顺着山脉流向未圆湖，而这里的宁静与每周一次的礼拜，洗涤了我们在学习工作中的烦恼，抚平了探索未知过程的困惑与忙于考试论文的焦虑。我在香港发表的论文都是在这里沉淀安静地写成的。除了博士研究的漫漫长路以及价值观与文化差异带来的震撼，最为严峻的考验是2003年的一场SARS。当时我居住在新亚书院山顶上的公寓，从最高峰新亚书院望向远方的吐露港，为在最难忘的生死时期的每一个清晨和夜晚，带给我希望。

同济大学建筑与城市规划学院，享誉海内外，是我向往与希望之所在。经过了两年半博士后考验期，终于有幸在 2006 年 4 月成为人才济济的建筑与城市规划学院中的一员。在西方建筑史的雅典卫城教学中，联想到 1998 年在雅典卫城所见所感。这也是关于女性与建筑空间产生之端倪。伊瑞克先神庙上的六个女像柱廊，与帕提农神庙强烈的男性空间，形成对比互补关系。

固然，性别空间在西方建筑史中的表述由来已久，在文化遗产研究中，历史的向度朝向空间的维度展开，尤其是在文化遗产保护中，女性视角与关注点更为微观与具象，与男性粗犷与精致的更为宏观有所区别。尤其经过了 11 年在同济大学进行的历史建筑与遗产的保护研究，更为关注思考将历史与过去用于城市肌理之中，以及如何将历史文化记忆镌刻进新生的城市空间中的方式与方法。

路漫漫其修远兮，吾将上下而求索。全新的世界展现眼前，前方即起点。一晃 11 年匆匆而过。这期间，有国际盛会的欢欣鼓舞，也有家庭离散的悲伤遗憾。未来 11 年变幻莫测，调整自己适应不断变化的新时代，时刻提醒自己以变应万变的勇气与归零心态。

/ 2010 年在联合国教科文组织亚太地区世界遗产研究与培训上海中心的学术论坛

学术年表

1985   获南京工学院建筑学 (现东南大学建筑学院) 学士学位
1988   获南京工学院建筑学 (现东南大学建筑学院) 硕士学位
1988—1995   在厦门大学建筑系任教
2003   获香港中文大学建筑学博士学位
2006   博士后流动站出站
2006—至今   同济大学建筑与城市规划学院建筑系任教

主持科研

2009   主持完成"曹甬铁路办公楼平移复原设计"项目

2011   主持完成"甘肃张掖新上海城前期规划设计"项目
               主持完成"安徽黄山新徽天地水区概念规划设计"项目

2012   主持完成"山东淄博市蒲松龄故居保护性规划设计"项目

2013   主持完成"广州越秀区城市更新规划及历史街区城市设
               计咨询"项目

2014   主持中德"美的里程: 以柏林—勃兰登堡普鲁士宫廷园林
               为例的中德研究"合作项目

2015   主持"建筑技术对中国近现代建筑转型影响的分析"项目

2016   主持教育部中央高校同济大学文科基金项目"海上丝路
               建筑文化链: 我国海陆互通开放格式新路径研究"
               该项目获得美国盖蒂基金会 (J.Paul Getty Trust)"联结
               海洋"主题奖

主持国家社会科学基金资助项目"鼓浪屿遗产之核心价值研究与保护性再利用设计"
主持国家社科基金项目"中国近现代城市建筑的嬗变与转型研究"
主持完成"社会需求与生活对中国近现代建筑转型影响的分析"项目

出版著作

2002 《中国建筑：城池村落：鼓浪屿》（梅青 著）
台湾锦绣出版公司 & 中国建筑工业出版社

2005 《现代建筑理论》（刘先觉 主编）
中国建筑工业出版社；参与该书第二章"文脉主义建筑观"的撰写工作
《中国建筑文化向南洋的传播》（梅青 著）
中国建筑工业出版社

2009 《幻方：中国古代的城市》（阿尔弗雷德·申茨 著，梅青 译）
中国建筑工业出版社

2012 《女性视野中的城市街道生活》（梅青 著）
同济大学出版社

2015 《中国精致建筑 100：鼓浪屿》（梅青 著）
中国建筑工业出版社

2017 Qing MEI. *Gulangyu Islet*. China Architecture & Building Press

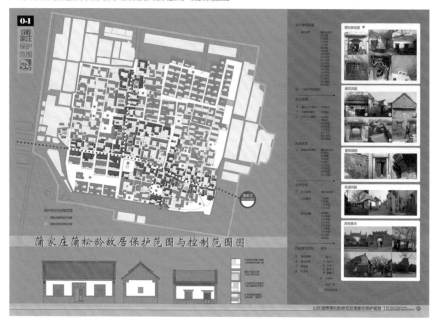

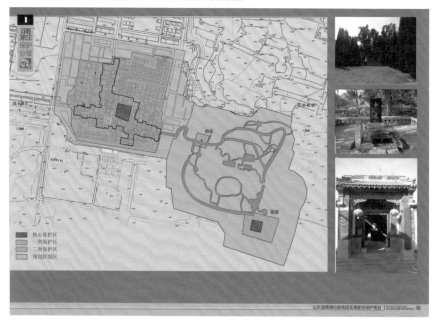

亲友评价

我的妈妈是我最好的朋友。她在我的童年记忆中，有一双美丽动人的明亮双眸和温柔如丝的牵绊关心。我5岁从厦门大学幼儿园毕业到北医附小上学，同时她去了香港。我曾经不解地多次问她何时回家？她坚定执着一直将工作任务完成后才与我最后团聚上海。期间我屡次到香港，都发现她是那么飒爽英姿、高效率快节奏地享受着工作的乐趣。我的很多游玩中的学习与独立中的生活，现在想来也是妈妈精心为之的。她的作为与严格要求，是我学习艺术与文化的动力，为我能够独立到海外学习和工作奠定了基础。

—罗曼　女儿
（澳大利亚悉尼中国文化中心项目助理）

/ 2014 年 6 月底在美国盖蒂中心与盖蒂学者们合影

同济大学建筑与城市规划学院博士

彭怒

PENG NU

09

现任
同济大学建筑与城市规划学院建筑系
– 研究员、博士生导师
《时代建筑》
– 副主编

研究方向
中国现代建筑历史与理论

成长于嘉陵江两条支流相汇的小城，在嘉陵江注入长江的城市接受本科建筑教育，继而求学于长江之尾的同济并工作至今已近22年(期间两年半时间在清华)。学习建筑学专业，攻读建筑历史与理论方向，是机缘。结合杂志的编辑工作，研究中国现代建筑历史，以绵薄之力推动中国现代建筑历史与理论领域的学术发展，是选择。

真趣

我于 2001 年回到同济工作，转眼已是 16 年。110 周年校庆和学院建院 65 周年之际，接到以女性教师的角度回顾学术生涯和生活的任务。从日常事务和琐碎生活中抽身须臾，以一个相对长的时段来反观自身，委实需要勇气，不由心生惶恐。惶恐之后则是遗憾。

一方面，遗憾的是，在一生之中最稳定的、可以高效工作的 14 年里，未能好好珍惜，好些基础性的史学工作并未系统地整理出成果，毛坯和半成品般地散落在角角落落。如果说，女性的生命节律以 7 年为一个周期，14 年，已经是女性的两个生命周期。如此来看，身处其时的自己浑然不知那 14 年的珍贵。另一方面，遗憾的是，近两年，往返沪杭双城的工作生活模式，在时间和空间上割裂了连续而稳定的工作状态。2015 年初，异地工作的先生抱恙，我和孩子、父母迁往杭州。两年来，也仅能完成一些最基本的工作。这些最基本的工作是在校园里，也是在医院内、在高铁上、在女儿补课的家长休息室里完成的。我感觉自己像一个缝补匠，一针一线地缝合着破碎的时间和空间。这也促使自己想着一个问题：父母日渐老去、孩子青春期叛逆，如果在承担家庭责任方面所需时间和精力越来越多，留给自己的时间和精力越来越少，那职业里约减到不可再约减的内核是什么？当皓首白头之时，这个不可约减的内核还可以支撑起当初自己的职业设想吗？

带着这样的问题，回看职业生涯的 14 年，一些片段浮现出来。在开始研究中国现代建筑史之时，也对建筑历史、建筑史学理论中的几个基本问题进行过思考：①建筑历史学所属的学科领域和建筑历史学的基本理论体系；②在建筑历史研究过程中建筑历史学家、客观建筑历史事件以及历史文本的批判性关系；③建筑历史学的科学性与史料处理方法和态度；④建筑历史认识的不确定性、客观性与主体间性；⑤历史写作的语言介入、双时间制，历史写作的客观性与主体间性；⑥黑格尔艺术史观对建筑史学的影响与建筑历史的或然性反思。现在来看，这些问题都挺大，当时的中国现代建筑史少人耕耘，历史文本单一甚至可以说是唯一，中国现代建筑史学实践本身并不能承载起类似的历史理论问题的分析。然而，这些问题确实是一个初入门槛的人自然而然会问的。前几天，卢姐姐找我，说她打算和学生一起翻译《建筑设计》（Architectural Design, 简称 AD）杂志 1981 的 6、7 月合刊"建筑历史方法论"（On the Methodology of Architectural History）里的文章，看看《时代建筑》的建筑历史与理论栏目有无兴趣。这让我想起，2000 年前后把这期杂志和 1982 年 7、8 月合刊看过一遍。目前中国现代建筑史研究已日益多元，有学者能够把这些西方现代建筑史学理论的文献翻译出来，对中国现代建筑史研究、反思史学方法和观念，进一步拓展研究，无疑是十分有益的。也正是当初对这些问题的关注，我和学生在 2013 年做过一个研究"中国现代建筑史学的原点：邹德侬中国现代建筑史的研究过程与特征初探"。

还有一些片段浮现出来，都与杂志的编辑工作和个人研究的结合有关。2008 年，与中国哲学现象学专业委员会合作，参与策划"现象学与建筑"会议，这是中国内地首次举行的有关建筑现象学的专题研讨会。会后出版了《时代建筑》专辑"现象学与建筑"（2008 年第 6 期）以及文集《现象学与建筑的对话》（2009）。在《时代建筑》的建筑历史与理论栏目主持翻译二十多篇关于"建构"理论的文献（2009—2011 年）之后，在 2011 年底策划了"建造诗学：建构理论的翻译与扩展讨论"国际会议，会后出版了《时代建筑》专辑"建造诗学：建构理论的翻译与扩展讨论"（2012 年第 2 期）以及文集《建构理论与当代中国》（2013）。这两次会议和出版计划推动了"现象学"和"建构"话语在学界得以深入讨论，当然更重要的是这两种话语对实践的能动性影响。就个人而言，现象学对存在和身体—主体的关注，与建构理论所强调的建造诗学是有内在关联的，那就是对日益分离的人与世界、意识与身体、技与艺的一体性的弥合。如果说这两次会议和相关出版更多是理论话语的引入对当代中国建筑研究的影响，2015 年和王凯老师策划的"构想我们的现代性：20 世纪中国现代建筑历史研究的诸视角"国际研讨会，与中国现代建筑历史研究的关系更加直接。会议从"全球、地方、身份""政治、制度、话语""谱系、时代、个案"三个方面，围绕现代建筑史编纂的基本概念"现代性"在当代地缘政治里的多元，展开对中国现代建筑历史研究的思考和展望。女学者海嫩（Hilde Heynen）教授对新一代建筑历史写作面对的多元现代性的理论分析，玛丽（Mary MecLeod）教授提出在欧洲和北美之外的其他地区，"现代化、现代性、现代主义的三元分析模式"应该把现代化和现代主义分开讨论，对于一直纠结于个案／谱系研究中的我而言，有些拨云见日。倍感欣慰的是，在中国现代建筑史研究中，尽管个人的力量微薄，但杂志的平台多多少少促进了这个研究领域的进程。遗憾的是，会后杂志专辑"构想我们的现代性：20世纪中国现代建筑历史研究的诸视角"（2015年第5期）如期出版，文集却未能像前面两次会议出版计划那样及时面世。

这次会议让我最难忘的却不是学术上的收获，而是第一代中国现代建筑史家邹德侬先生带来的触动。到会发言之后，他在午歇时才告诉我，他爱人两天前刚刚去世。两位留校任教的弟子不放心，特地陪同他来到同济。也是这次，我才听他提起，爱人在年轻时就已患病，拖了几十年到现在。想想见过邹先生的几次，看起来那么乐观开朗，哪里知道他家庭负担沉重。如此来看，他的中国现代建筑史奠基工作从无到有，耗费无数时间和心力，却是在几十年如一日照顾病妻之余完成的。

上个星期，我和研究生们去调研了一个20世纪70年代初的院子和一个70年代末的斜腿框剪结构的高层建筑。说来惭愧，这是两年来我第一次外出调研。就像农民拿着锄头刨地，现场调研的踏实感让我倍加珍惜这些分分秒秒。

回到前面我问自己的那个问题，职业里约减到不可再约减的内核是什么？我想这应该与职业的意义有关，意义无疑来自于价值，价值里有一部分是社会价值，一部分是个人价值。职业的社会价值的那部分是这个学术共同体所影响的，个人价值这部分，我现在认为，是"真趣"。

/ 纽约 Cloister 博物馆

/ 哥大访学和导师合影

学术年表

1990	获重庆建筑工程学院建筑学专业学士学位
1990—1992	成都市建筑设计研究院工作, 助理建筑师
1994	获同济大学建筑城规学院建筑历史与理论专业硕士学位 并被推荐直接攻读博士学位
1999	获同济大学建筑城规学院建筑历史与理论专业博士学位 在北京国际建协第 20 届世界建筑师大会科委会工作, 担 任 uia 大会科学技术委员会的秘书
1999—2001	清华大学建筑学院建筑历史与理论专业博士后研究
2001—2011	同济大学建筑与城市规划学院副研究员, 硕士生导师,《时 代建筑》杂志副主编
2005	香港城市大学高级研究学者
2011一至今	同济大学建筑与城市规划学院研究员, 博士生导师
2013—2014	美国哥伦比亚大学建筑与规划保护研究生院访问学者

主持科研

2011	国家自然科学基金, 面上项目(2011 年度), 项目名称:"中国现代建筑对传统民间建筑转译再现的历史谱系及模式 (1950s – 1990s)", 项目批准号: 51178314, 项目主持人, 排名第一
2011	国家自然科学基金, 青年基金（2011 年度）, 项目名称:" 基于关键词定量统计方法的现代中国建筑观念转型研究", 项目批准号: 51108322, 主要参加者, 排名第二

获奖情况

2008	李凯生、彭怒、夏南凯,"HOLCIM"可持续建造大奖亚太地区纪念奖 (排名第二), 瑞士"HOLCIM"国际基金会
2010	《现象学与建筑的对话》一书获得第三届中国建筑图书奖最佳建筑文化图书, 中国图书馆学会、中国建筑学会建筑师学会、中国建筑图书馆等主办 (排名第一)

出版著作

2009	《现象学与建筑的对话》(彭怒、支文军、戴春 主编) 同济大学出版社
2013	《建构理论与当代中国》(彭怒、王飞、王群 主编) 同济大学出版社

亲友评价

工作亦或生活，老师磊落的为人、认真却不较真的处事态度一直吸引并指引着我。任时光打磨，我们看到一位柔韧的魅力女性愈见美好。

—官文琴 （华建集团建筑师）学生

学者、教师、媒体人、爱人、母亲，老师作为高知女性承担了社会和家庭中的多重角色，在时间的打磨中，愈加从容坦然，闪耀着温润的光芒。

—高曦 学生

/ 与会议配合出版的杂志和书籍

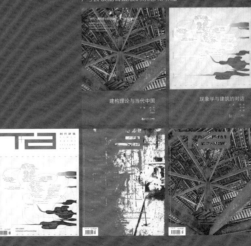

同济大学建筑与城市规划学院城市规划博士
法国夏约学校／国家路桥学校访问学者

━━━━━━━━━━━

现任
同济大学建筑与城市规划学院城市规划系
－教授、博士生导师
联合国教科文组织亚太地区世界遗产培训与研究中心（上海）
－执行主任
国际古迹遗址理事会乡土建筑（ICOMOS － CIAV
／ ISCEAH）科学委员会
－理事委员
中国城市规划学会历史文化名城规划学术委员会
－副秘书长
《建筑遗产》、*Built Heritage*
－编委

研究方向
城乡历史发展、城乡遗产保护、城市更新、世界遗产
保护规划与管理

━━━━━━━━━━━

生于江南古城宁波，长在月湖边天一阁畔，曾是一个喜
欢历史和诗词歌赋的温婉小女子，却因各种机缘和良
师益友，成为将浪漫情怀植入理性现实的勇敢而执着
的遗产保护者。二十多年来行动于研究、实践和教学相
辅相成三个领域，历尽艰辛，只因为始终相信：保护是
为了使文明之火长燃！

邵甬
SHAO YONG

10

探寻"诗意栖居"

宁波月湖文脉的涵养

在孩提时代的记忆里，我的故乡宁波大致可以分为三个区域，一个是外婆家所在的老城北部区域，也就是唐代开始形成的衙署区域。历史上这里非富即贵。外婆家是在战争中从上海逃难到宁波，购置了"尚书第"前面几进院子。印象中，那里的建筑宏伟严正，充满了官气。一个是东门外的三江口，虽说早就没有了城门，但是宁波人还是习惯叫那里"东门口"。偶尔随父母到这里，看到百船千桅齐辏在三江交汇处，大桥下鱼虾市场热闹非凡，人就热血沸腾了，知道了小小宁波城原来是通着大海的。若干年后，我也是从这里坐上大轮船驶向大上海。当轮船驶出甬江口，水面一下变得开阔无垠，海鸥随着晚霞飞起，也开始明白一个城市连通大海，并不仅仅意味着有美味海鲜……我从小最熟悉，甚至可以说是我的"地盘"的就是宁波老城西南我自己家所在的月湖街区了。这个街区是个以月湖为核心的居住区。月湖湖水清澈、波光凌凌，湖中小岛连连、小桥绰绰，湖岸边则垂柳依依、亭台有致。每天放学，小伙伴们总是先到湖边疯玩一通，然后各自钻进长长的巷子踩着青石板回家，或者穿墙门又聚集到一块在宁波特有的宽敞院落里跳皮筋打球等。我最惊险的一次莫过于从二楼的窗户爬到一楼的瓦屋面上找球，结果被楼下院子里的邻居奶奶看到，把我妈找来痛骂我一顿——现在想来，这似乎预示着我长大以后也会经常爬老建筑的屋顶呢。那个时候的天一阁是个单位，因此是开敞的，小伙伴们也经常跑进去玩捉迷藏，或者在门口宽敞的场地上打羽毛球。偶尔会看到日本人穿着和服毕恭毕敬地进出，一下子很好奇，也对这个大园子有了膜拜之情。也是在很多年后，我才知道了天一阁的价值，也知道了那个时候同济的陈从周先生在进行东园的设计，而那个跟着陈先生的宁波小后生后来也成为我抢救月湖街区的重要合作者了。时光荏苒，好多往事都已淡忘，但宁波月湖街区的那种静谧、温暖、灵秀以及内敛的丰厚却是我对"诗意栖居"最初的、也是最深刻的认知。2012年怀着极其复杂的心情进行月湖街区抢救的时候，我特别强调这个街区除了有历代精心营造的人文胜景和曾经是浙东学术兴盛的文化中心之外，还是江南古城诗意的理想居所，因为这里经千百年之涵养，融自然与人文于一体，物化于月湖街区的民居院落、书院花园中——这是我对"诗意栖居"最真实的感触。

恩师人文精神的感召

高考之前，毕业于同济大学建筑系的邻居极力推荐我报考同济大学建筑与城市规划学院（以下简称 CAUP），他说我特别适合。父母又不希望我去北方的学校，于是没有太多的纠结，就进了CAUP。在所有的课程之中，我最喜欢的是路秉杰老师的中建史课程、郑时龄老师的外建史课程和阮仪三老师的城市建设史的课程。此外，还着迷于各种传统村落的写生实习，主动跟着路秉杰老师去做土楼的测绘和民居建筑的调查，帮他的《中国民居》一书画插图。这些正式课程之外的活动大大开拓了我的眼界，并深深为中国传统城镇、村落、建筑的大美而感动。因此，当快毕业时，在阮先生的感召下，毅然投向了当时非常冷门的城市建设史的方向（遗产保护方向的出现是很后来的事情了）。

阮先生是一个很有理想，同时也很有行动力的人。当时正值香港三联出版社找阮先生做《江南古镇》一书，加上自己的兴趣，因此在阮先生的指导下，我开始系统地研究江南水乡古镇。首先是做大量的实地调查。因为那时的交通不方便，也因为同行有金宝源与尔冬强两位大摄影师需要现场工作，因此调查的进展并不快，每个地方往往要待上几天，但是却让我有时间慢慢去观察和理解江南古镇中的每一个空间背后的逻辑，体会到先人在土地利用、空间营造方面的大智慧。其次，是大量的文献阅读。那个时候除了人文地理方面有些对江南水乡古镇的历史、经济有研究之外，在建筑规划领域的文献很少。于是我只好通过大量阅读古文书籍，并将言简意赅的文字与现场的调查和测绘进行对应，与江南水乡的政治、经济和社会的网络进行关联性分析。逐渐地，当我快完成毕业论文的时候，居然积攒了 50 多个古镇的详细资料了。在完成硕士论文的同时，辅助阮先生完成了《江南古镇》一书。今天回看这书里充满"诗意"的笔触，可以说是我对"诗意栖居"第一次专业思考吧。

在那个大开发的年代里，阮先生认准了遗产的价值，他要求我们不能仅仅停留在对江南古镇的认知上，而是带着我们做这些古镇的保护工作，我主要负责周庄古镇。与以往在总体层面划定保护范围的做法不同，我们在周庄尝试对

1

2

1 2014 在贵州增冲带中法联合设计

2 2007 与卢永毅老师等在法国带联合设计
参观巴黎圣母院

每条街、每个院落、每个建筑以及河、街、房子、人的关系都做了普查、记录、评价和规划，同时提出了"保护古镇风貌与改善居住环境"相结合的规划理念，成为周庄古镇保护与发展的重要依据。后来，这个规划获得国家一等奖，对我来说是个重要的鼓励。在之后相当长的时间里，我陪着阮先生四处奔波，目睹阮先生每到一个古镇都不厌其烦地与镇领导讲保护的重要性，努力寻求保护与发展双赢的途径。我们经历了"屡战屡败，屡败屡战"，他一直和我说："邵甬，你要跟下去，不要放弃"。可以说，阮先生对我影响最大的是他独立的思考和执着的精神。时至今日，当我自己在工作中面临"败局"的时候，我也总会做各种看似不可能的努力，去争取双赢的局面。若干年以后，事实往往可以证明当时的努力是多么的有意义。

法国理性思想的启迪

1996 年硕士毕业进入刚刚成立的上海同济城市规划设计研究院工作，开始从事开发背景下的总体规划、控规和修规。虽然小有成就，但是这些宏大壮观、效率为先的规划方案让我不禁陷入了迷茫，难道这就是我们追求的"诗意栖居"吗？

在征得家人同意后，1998 年我又考取了阮先生的博士。更因机缘巧合，1999 年底远赴法国留学。法国遗产保护的国家教学机构夏约学校时任校长阿兰·马里诺斯先生 (Alain Marinos, 是法国建筑、城市、景观遗产保护制度的重要推进者和实施者) 看到我在江南水乡的工作，直接安排我进入这个学校最高阶的班"法国国家建筑师班"进行学习，我也有幸成为这个班历史上第一个外国人。在艰难地克服语言关的同时，我经常扎在夏约宫的图书馆里如饥似渴地查阅各种国内闻所未闻、见所未见的资料，认真听讲各种艰涩难懂的遗产保护的理论课、历史课、法律课、政策课、技术课以及地方实习课程，并且在导师的安排下到一个个历史城市进行深入的考察与调研，看到遗产保护如何改善人们的生活品质，如何弥合社会的分裂，如何促进城市的复兴，如何丰富人们的精神生活。慢慢地，我眼前铺展开一幅完整的遗产保护的网络架构图，而这个图的指向并不是过去，而是未来: 保护不仅仅是为了保存过去的灰烬，而是为了让文明之火长燃。同时阿兰一直对我强调两点: 一是法国也是经过一百多年一代代人的努力才形成今天的遗产保护架构，而且还在不停地反思和改进中；二是每个国家的国情不同，中国应该有中国特色的遗产保护制度。前者鼓励我不要在现状面前灰心，后者鼓励我努力创新。可以说法国人提倡的科学理性思维让我了解了遗产保护不能只讲情怀，更不能满足于做一张漂亮的规划图，而应该将工作从空间规划拓展至法律、政策、管理等制度层面以及技术等操作层面，以保护或者营造"诗意栖居"。在踏入法国国门后 10 年，我终于完成了专著《法国建筑·城市·景观遗产的保护与价值重现》，可以说是对法国遗产保护理性思想的一次整体而深入的思考。

中国遗产现场的求索

从法国回来以后，尤其是 2005 年我正式进入 CAUP 进行城乡发展历史与遗产保护的教学，我的工作在很多方面做了主动积极但是有目的性的拓展：在理论上，我提出了"人居遗产"的概念，努力探索"遗产保护与人居改善"的结合；在实践方面，积极参与国家和地方条例、规范等的制订，同时寻求各种公益基金，在平遥、丽江等遗产地建立"民居修缮补助资金"和"原住民就业保障计划"等等，努力解决"诗意栖居"在当前碰到的各种现实问题；在编制《保护规划》的同时还主动奉送《管理规划》，帮助遗产地共同建构为了实施《保护规划》所需的特殊的管理架构、管理程序、资金预算、人力资源培训等等一系列的问题。这些工作大大超出了一般规划的范畴，更不体现在学校的考核体系中，但是这些开创性的试点工作赢得了国内外同行和遗产地人们的尊重和肯定，也成为联合国教科文组织向全球推广的重要经验。

然而现实却并不简单，比起二十多年前初涉这个领域，遗产保护早已成为一个热门话题，有大量资金投入遗产地，有大量的人和会议在讨论遗产保护的事情，同时又出现了一个个打着"古镇""古村"旗号的假古董，你方唱罢我登场，好不热闹。但是我却觉得这似乎与"诗意栖居"渐行渐远。显然，我们目前面临更加复杂、更加艰难的局面，唯有"求真、存善"才能延续和创造"诗意栖居"的大美和大智慧。因此，在研究、实践和教学三个相辅相成的领域，"路漫漫其修远兮，吾将上下而求索"。

致谢

我的整个学习、研究和从业过程受到阮仪三教授、阿兰·马里诺斯先生这两位导师以及各位前辈学者的引领，同道们的理解和支持，团队的包容与艰辛付出，家人的理解与陪伴。这个过程充满了艰辛和挫折，但是却没有彷徨与犹豫。

/ 2007 年，邵甬教授陪同阮仪三教授与阿兰·马里诺斯先生考察山西民居

学术年表

1993　　　　获同济大学建筑与城市规划学院城市规划专业学士学位
1996　　　　获同济大学建筑与城市规划学院城市规划专业硕士学位
1999—2002　法国夏约学校和国家路桥学院"法国国家建筑师"班课程
2003　　　　获同济大学建筑与城市规划学院城市规划专业博士学位
1996—2004　上海同济城市规划设计研究院从事规划设计工作
2005—至今　同济大学建筑与城市规划学院任教

主持科研

2002　　　参与国家标准《历史文化名城保护规划规范》（GB50357–2005）编写

2005　　　参与上海市城市规划管理局"上海市历史文化风貌区保护规划编制和管理方法研究"课题

2006　　　参与国家自然科学基金课题"城市保护的规划设计方法研究"

2008　　　主持上海市虹口区城市规划管理局"虹口区特色建筑调查与规划利用研究"课题

2009　　　主持"十一五"国家科技支撑计划"历史文化村镇保护规划技术研究"子课题"华东地区历史文化村镇保护规划技术研究"

2010　　　主持国家自然科学基金资助项目"中国人居型世界遗产资源的保护与利用研究（2010—2012）"

2011	参与国家住建部《历史文化名镇名村保护规划规范》编制
	主持天津市规划局"天津历史文化村镇保护与更新机制研究"课题
2012	主持联合国教科文组织"平遥古城保护修缮及环境治理管理导则"课题
	主持宁波市规划局《宁波市历史文化名城名镇名村保护条例》编制
2015	国家社科基金重大项目(14ZDB139)"我国城镇化进程中记忆场所的保护与活化创新研究"子课题负责人

出版著作

1997	《江南古镇》(阮仪三 主编,阮仪三、邵甬 撰文)
	香港三联出版社 & 上海画报社出版
2004	《城市遗产的概念与保护》(邵甬 主编)
	同济大学出版社
2010	《法国建筑·城市·景观遗产保护与价值重现》(邵甬 著)
	同济大学出版社
	《历史文化村镇保护规划与实践》(邵甬 主编)
	同济大学出版社

获奖情况

1998	《周庄古镇区保护详细规划》获建设部优秀规划设计一等奖
1999	《江南水乡古镇保护规划》获教育部科学技术进步应用类三等奖
	《江南古镇》获第四届国家图书奖提名奖
2001	《大理古城控制性详细规划》获上海市优秀规划设计三等奖
2003	《江南水乡传统城镇保护》获联合国教科文组织亚太地区文化遗产保护杰出成就奖
	《上海市卢湾区思南路花园住宅区保护与整治规划》获上海市优秀设计三等奖
2006	《曲阜市明故城控制性详细规划》获山东省优秀规划设计一等奖
2007	《世界文化遗产丽江古城传统民居修缮计划》获联合国教科文组织亚太地区文化遗产保护优秀奖
	《城市历史文化遗产保护》课程获上海市高校市级精品课程
	《上海市历史文化风貌区保护规划编制与管理方法研究》获上海市科技进步奖二等奖
2015	《平遥古城传统民居修缮》获联合国教科文组织亚太地区遗产保护优秀奖
2016	《世界文化遗产平遥古城保护规划——保护性详细规划、管理规划及导则》获上海市优秀城乡规划设计奖一等奖、获全国优秀城乡规划设计奖(城市规划类)二等奖

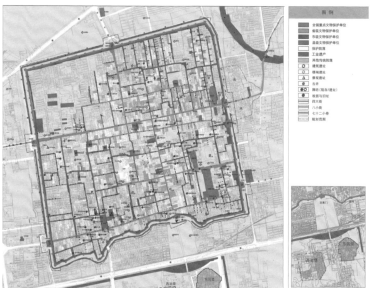

世界遗产平遥古城保护规划, 2006—2016

项目规模: 244 公顷

获奖情况: 上海市优秀城乡规划设计一等奖, 全国优秀城乡规划设计二等奖, 联合国教科文组织亚太地区文化遗产保护优秀奖

项目说明: 明确平遥古城"人居型世界遗产"的属性, 实现"遗产保护"与"人居改善"的双重目标和"以居民为核心"的保护原则与方法。

代表作品

1997	主持周庄古镇区保护详细规划
1998	主持临海古城历史街区保护与整治规划、苏州古城街坊控制性详细规划和吴县甪直古镇保护与整治规划
1999	主持肇庆历史文化名城保护规划、龙门古镇保护整治与旅游发展规划
2000	主持凤凰历史文化名城保护规划、大理古城区控制性详细规划、宁波伏跗室历史街区保护规划、温州历史文化名城保护规划
2001	主持宁波市慈城镇保护与发展规划、上海市思南路历史街区保护与整治规划
2002	主持世界文化遗产丽江古城保护规划
2003	主持淄博矿业集团规划、乐山历史文化名城保护规划、上海市绍兴路和香山路地段保护与整治规划
2004	主持大同旧城区控制性详细规划、南通市历史文化名城保护规划, 参加上海市衡山—复兴路历史文化风貌区保护规划
2005	主持曲阜明故城控制性详细规划、义乌佛堂古镇保护与发展规划、周庄镇总体规划、上海市龙华、嘉定州桥和南翔历史文化风貌区保护规划
2006	主持佛堂历史文化村镇保护规划、世界文化遗产平遥古城保护规划
2007	主持大理古城区及其周边地区控制性详细规划、南通寺街和西南营历史地段保护与整治规划
2008	主持世界文化遗产丽江古城管理规划、潍坊市坊子区历史地段保护与发展规划
2009	主持青岛历史文化名城专题研究和保护规划修编
2010	主持天津估衣街和海河历史文化街区保护规划
2011	主持乐山历史文化名城保护规划修编、安徽省查济历史文化名村保护规划
2012	主持宁波月湖历史文化街区保护规划、上海市虹口港文化走廊研究
2013	主持世界文化遗产平遥古城传统民居修缮和环境治理实用导则、曲阜历史文化名城保护规划
2014	主持宁波历史文化名城保护规划、商丘历史文化名城保护规划、皖南区域性历史文化资源保护规划
2015	主持宁波历史街道保护规划、乐山苏稽历史文化街区保护规划
2016	主持上海市虹口区和徐汇区历史风貌街坊评估、大理喜洲和龙尾关历史街区保护规划

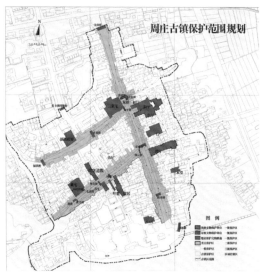

江南水乡古镇——周庄、甪直等, 1995—至今

项目规模: 50—100 公顷

获奖情况: 全国优秀城乡规划设计一等奖, 联合国教科文组织亚太地区文化遗产保护杰出成就奖

项目说明: 在中国最早提出并实践保护古镇风貌与改善居住环境相结合的规划理念, 成为中国江南水乡古镇保护与发展的重要依据。

亲友评价

邵甬是我的得意门生，平遥、丽江、周庄等的保护是她帮我具体实施，跟踪服务，不计报酬，默默耕耘二十多年，这些古城镇能有今天的成效，有她的心血和坚持。她也获得了多项科研成果和奖项。她教书育人，是个好教师。国际合作交流也结交了许多好朋友，刻苦钻研，积淀了丰厚扎实的理论，我为此点赞。

一阮仪三　导师

有人认为邵甬老师比较理想主义。我认为她的理想主义并不是脱离实际的空想，只是她比我们的社会要进步一拍。理想主义没什么不好，能身体力行付诸实现，能百折不挠坚持初心，不正是有理想在支持。而且有理想才能永远年轻啊。

一胡力骏　同事

法国高等社会科学院（EHESS）博士
美国哈佛大学 (Harvard) 高级研究学者

于一凡
YU YIFAN

11

现任
同济大学建筑与城市规划学院城市规划系
– 教授、博士生导师
同济大学城乡规划一级学科学术委员会
– 委员
哈佛大学健康城市 (HAPI) 项目
– 国际顾问
法国巴黎索邦大学 (Paris Sorbonne)
– 研究员
法国国立巴黎高等美丽城建学院 (ENSA PB)
– 讲座教授
住房与城乡建设部城乡规划标准化技术委员会
– 委员
上海城市规划行业协会
– 副会长

研究方向
城市规划与设计、居住空间形态、老年宜居环境

我很幸运，我所做的都是我热爱的，我拥有的都
是我珍惜的。

空间和我

我最初的理想是成为一名天文学家，向往着有一天从浩瀚的太空向这颗蓝色星球投下惊艳的一瞥。少时印象很深的文学作品是叶永烈的《飞向人马座》，现在喜欢的书籍是《时间简史》和《未来简史》。

如今，对时空的强烈好奇转化为对城市空间的探索。无论走到世界的哪个角落，观察与分析已经成为职业习惯。空间对我而言，不仅具有坐标和维度，也记载着感知与含义，与个人的经历息息相关，与城市的性格丝丝入扣。譬如巴黎，这座城市见证了我学术生涯的重要阶段，那里有对我影响至深的良师益友，也赋予我受益无穷的思维方式。今天，我的学生们纷纷前往欧美著名学府深造，在他们身上我常常会看见 20 年前的自己，重温对巴黎的感知如何从最初清冷的阳光到后来面包与咖啡的醇香。

作为一名教师，我享受课堂上的每一分钟，全身心投入每一次课题讨论。我看得到学生们的点滴进步，感受得到被点燃的科研热情，捕捉得到思想碰撞下智慧闪耀的瞬间……于我而言，这是莫大的喜悦，更是不断学习的动力。与许多其他科学领域一样，城市规划学科正在经历一个重要的变革时代，新问题、新思路和新技术层出不穷，原有的理论体系和知识结构需要不断更新。时代的发展使人居环境的未来充满未知和挑战，"有志、有识、有恒"，才能到达想要到达的地方。

正如我在《城市居住形态学》里写的那样：太空中拍摄的地球照片令每个地球人感受到莫名的震撼，使人们产生对自己从属于一个共同整体的认同，对这个整体的每个部分所遭受的破坏、每个群体所经受的痛苦感到切肤之痛。我关心空间的品质，也关心空间里每一个生命的福祉和健康。近年来，我和我的研究团队聚焦人居环境的健康和谐发展，有机会与国内外的学者深入探讨建成环境与人之间的相互影响，研究成果陆续转化为国家技术标准和相关部门的决策依据。为此，我感谢研究团队不舍昼夜的辛勤工作，是他们令科研成果日臻完善，也是他们鼓励我继续前行。

"求知若饥，虚心若愚"(Stay hungry, stay foolish)，乔布斯在 2005 年斯坦福大学毕业典礼上说的这句话令我印象深刻。我未曾忘记从深邃宇宙远眺家园的梦想，或许，自己的一部分一直在前往那回眸之处的路上。

1 2015 年与博士生导师皮耶尔·克莱蒙
特（Pierre Clément）教授在巴黎重聚
2 2016 年担任国家工程标准协会依托同
济大学成立的老年城市研究中心主任

学术年表

1993	获哈尔滨建筑工程学院城市规划专业学士
1996	获同济大学建筑与城市规划学院城市规划专业硕士学位
2003	获法国高等社会科学院（Ecole des Hautes Etudes en Sciences Sociales, France）建筑学与景观专业博士学位
1996—至今	同济大学建筑与城市规划学院任教

主持科研

2006	上海市科学技术委员会浦江人才计划"生态住区的规划技术体系"（06PJ14093）
2007	上海市虹口区规划局，上海市虹口区工业产业遗产的更新与再利用，200703–007.07，项目负责人 教育部新世纪优秀人才支持计划"黄浦江上海区段两岸城市更新与建设的生态研究"（NCET–07–0625）
2009	国家自然科学基金"生态型城市居住区的技术规范和评价体系研究"（50608055）
2010	"十一五"国家科技重大专项"水体污染控制与治理"，子课题"水体污染控制与滨水空间治理"（2008ZX07316–004）
2013	中央高校基本科研业务费专项基金"中国城市老年人居住问题研究"
2014	同济大学985科研专项"基于无线定位技术的社区老年人行为活动特征研究" 上海市政府决策咨询项目"既有住区应对居家养老的宜居对策研究"
2015	上海市浦东新区政府"浦东新区养老模式研究" 国家自然科学基金"城市产业遗存的再利用及其生态效应"（51178317）

国家标准《住宅性能评定技术标准》（GB/T50362）修订
国家标准《社区老年人活动中心建设标准》编制

2016　　　　国家标准《城市居住区规划设计规范》（GB50180-2002）修订

2017　　　　住房与城乡建设部"城市养老服务设施研究"
哈佛大学 Harvard Global Institute 国际合作项目"Aging,Homes and Neighborhoods"

出版著作

1999　　　　*Atlas de Shanghai-Espaces et représentations de 1849 à nos jours*, CNRS Edition, Paris, 1999；撰写章节

2005　　　　"城市规划资料集"第七分册——《城市居住区规划》
中国建筑工业出版社；撰写章节"住区更新"

2009/2010　《城市规划快题设计方法与表现》（于一凡 周俭 著）
机械工业出版社（2009年第一版，2010年第二版）

2010　　　　《城市居住形态学》（于一凡 著）
东南大学出版社

2016　　　　Spatial Foundation of the "Aging in Place" Community, Chapter in David Mah, Leire Asensio Villoria. *Lifestyled Health and Places*. Jovis Verlag Gmbh Edition, 2016；撰写章节

获奖情况（科研与教学）

2005	同济大学大学奖教金二等奖
	中国 IACE 国际建筑文化贡献奖
2006	上海市科技委浦江人才
2007	教育部新世纪优秀人才
2008	《城市规划原理》课程入选国家精品课程
	（教高函 [2008]22 号）
2010	同济大学青年杰出人才
2011	同济大学奖教金特等奖
2014	同济大学三八红旗手
2015	上海市教育系统巾帼建功标兵
2016	上海市三八红旗手

上海黄浦江南外滩

项目规模：用地面积 105.75 公顷
时间：规划设计于 2006 年批复，环境整治于 2010 年完成，并陆续向市民开放
获奖情况：2007 年度上海市优秀城乡规划设计二等奖
项目说明：南外滩地区是上海码头区的历史发源地，更新规划深入发掘了基地独特的历史人文价值，成功地塑造了富有空间和功能特色滨水空间，大胆采用创新手段为城市规划管理提供了切实可行的工具。

代表作品

2003	西安市"浐河第一国际城"(获上海优秀城市规划设计一等奖)
2003/2004	北京市"Class 街区"(获上海市优秀规划设计三等奖, 北京市规划委员会居住区优秀规划设计方案)
2005	上海市"奉城镇老城区保护性更新改造"(获上海市优秀城市规划设计二等奖)
	上海世博会动迁安置区"懿德居住区启动区"(获上海市优秀城市规划设计二等奖)
	上海市"外高桥保税区商务区"(获上海市优秀城市规划设计鼓励奖)
	长春市"国际花园"(获上海市优秀城市规划设计三等奖)
	威海市"安馨园居住小区"(获上海市优秀城市规划设计二等奖)
2007	上海市"南外滩地区城市设计"(获上海市优秀城市规划设计二等奖)
	上海市"张家浜楔形绿地景观规划"(获上海市优秀城市规划设计二等奖)
	北京市"鼎嘉恒苑住宅区"(获上海市优秀城市规划设计三等奖)
2009	上海世博水门秦皇岛码头改造"(获上海市优秀城市规划设计二等奖)
	上海市青浦区"七百亩村新农村规划"(获全国优秀城乡规划设计三等奖, 上海市优秀城市规划设计二等奖)
	成都市"华新·锦绣尚郡"(获上海市优秀城市规划设计二等奖)
2011	安达市"北湖新区城市设计"(获黑龙江省优秀城市规划设计二等奖)
	"中国人寿廊坊生态健康城"(获上海市优秀城乡规划设计二等奖)
2013	上海市"民生码头改造城市设计"(获全国优秀城乡规划设二等奖, 上海市优秀城乡规划设计二等奖)

/ 上海市张家浜楔形绿地景观规划

上海市黄浦江民生码头改造规划

项目规模：用地面积 10 公顷
获奖：2013 年全国优秀城乡规划设计二等奖
　　　2013 年上海市优秀城乡规划设计二等奖
项目说明：规划利用基地中的多处历史仓库、两处
筒仓和码头构筑物，采取保护性更新手段，成功塑
造了具有后工业景观特色的滨水公共活动区。

亲友评价

于一凡首先是位具有正直生活态度和精致生活品味的女性，内在沉静、富有爱心。她更是位对科研和教学工作孜孜以求的学者，多年如一日，从不懈怠，往往令周围的人深受她的鼓舞。一个热爱生活和事业的人内心是富足的。

— 亲人

老师持续深入地对所在领域进行钻研和探索，教学严谨、治学严格，是我们对于老师的印象。在老师的言传身教之下，我们的研究兴趣被激发，专业能力和学术素养得到了提升。于老师为培养人才倾注了大量的心血，是我最尊敬的导师！

— 学生

/ 北京市鼎嘉恒苑住宅区

日本国立千叶大学建筑学博士

现任
同济大学建筑与城市规划学院建筑系
– 教授、博士生导师
中国房地产研究会人居环境委员会
– 专家组专家
中国住房和城乡建设部建筑设计标准化技术委员会
– 委员
中国城市规划学会居住区规划学术委员会
– 副主任委员
中国建筑学会适老性建筑学术委员会
– 委员
中国工程建设标准化协会养老服务设施专业委员会
– 委员
国家自然科学基金、国家留学基金委员会
– 评审专家
《城市 空间 设计》《住区》《城市住宅》《住宅科技》
等专业杂志
– 编委
《室内设计师》《建筑师》等专业杂志
– 海外编委

研究方向
人居环境的可持续发展、新型建筑工业化体系、既
有居住建筑的更新与改造

喜欢改变，喜欢细雨，喜欢手工，喜欢跳舞，最喜欢说话。
教师是最适合我的工作，能把说话当职业，还有一群听
众，圆满。

周静敏
ZHOU JINGMIN

12

致 717 室的学生们

可爱的咪、喵、咪咪喵喵：

爱猫的一群孩子们，我是不放过任何可以和你们唠叨的机会的。借此，继续碎碎念。先说原则吧。

思与法

思辨与方法是你们必须获得的东西。思考和辨别的能力可以帮助你们该清醒的时候敞开心扉，该糊涂的时候却也睁着眼睛。方法是你们的翅膀，想飞的时候，可以在天空中翱翔，能拥有更广阔的视野及自由。

因与果

要对过程与结果有足够的认知。我从不赞成享受过程而不在意结果的观点。有人说过程是一种风景，同样美好。但我认为，如果把风景当作附带品来欣赏，却是辜负了她。我说的追求结果是需要带着信念与精神，不同于功利的实用主义，请大家全心全意向目标进发。

缘与度

缘分是冥冥中的存在，有的丢不了，没有寻不来。请大家主动去结缘，广交朋友，善于织网。关于度，是我始终追求却不得所获的。所有的事情都被置于尺度与分寸之中。优劣，好坏都在对度的把握中反转，拿捏好分寸是件难事，难到有缘都帮不上忙的程度。请大家自学自悟。

再啰嗦些日常。

习惯与效率

良好的习惯能促成效率的提高，也能养成最后临门一脚的功底。好的习惯也成就一种成熟的方法，可以少走弯路，少犯错误，也就不必把时间浪费在返工重做上。纠结犹豫和拖拖拉拉、不急不火的陋习，误时又误事。

兴趣与专业

能将兴趣和专业结合是件幸福又幸运的事。建筑学是个综合的学科，涉及很广，很高兴你们都热爱自己的专业，且在文体和艺术上有偏爱。你们的兴趣和爱好会对你们的事业和生活起到很大的作用，请坚持弹琴、画画、打球。

工作与家庭

这是别人问我最多的问题，现在轮到你们面对。家庭和工作都很重要，或者说我更喜欢工作的状态。特别是对女性来说，事业和经济上的独立，是幸福生活的保障。但是，当家庭更需要你的时候，不需要理由，请选择回家。

最后再说句我们日常日子要注意的细节：不要趁我不在的时候做扫除，严禁借断舍离之名，把我存的一堆又一堆的小盒子扔掉！不要为了防止我吃多了胃疼而把我的零食藏起来，还有我吃东西的时候，不许劝我少吃！不要在我下楼梯的时候拥我左右，虽然我知道你们是为了防备我万一跌倒，可我也不忍心万一砸了你们。不要吹牛说自己可以承担更多的事情、不在乎熬夜。牢记身体是本钱，别不知轻重。还有各种不要这不要那的，待续、择机再聊。

最后说一下我的希望。咪、喵、咪咪喵喵们：你们是学霸也好，学渣也罢，都不重要。我希望当你们走出717，女孩儿是娇柔的，男孩儿是有担当的，你们是积极向上、暖心暖肺的好青年。我们彼此努力，想如此，念如此，相互成全。不求谢，也不言谢。

/ 和学生们在一起

学术年表

1983—1987	获天津大学建筑系建筑学学士
1987—1989	中国城乡建设环境保护部（现住建部）设计局助理建筑师
1991—1993	获日本国立千叶大学建筑学硕士
1993—1996	获日本国立千叶大学建筑学博士
1996—1999	英国约克大学客座研究员、林肯郡＆亨博赛德大学赫尔建筑学校研究员
1999	日本国立千叶大学工学研究科海外研究员
2000—2007	加拿大蒙特利尔大学建成环境学院客座研究员、五洲工程设计研究院副总建筑师、加拿大拉·苏雷设计研究所研究员
2008—至今	同济大学建筑与城市规划学院任教

主持科研

2008	985 工程／队伍建设：引进人才科研启动金、人居环境及可持续发展住区的研究（已结题）
2008—2009	国家科技支撑计划项目（2008BAJ08B12）："住宅节能技术标准研究"的分项"中小套型住宅居住实态调查与测试"（已结题）
2009—2011	上海浦江人才计划、绿色与可持续发展理想住区的研究（已结题）
2014	住建部工程质量安全监管司课题、建筑产业现代化建筑与部品技术体系研究（已结题）
2014—2017	国家自然科学基金面上项目（51378352）：适合住宅工业化的公共租赁住房建筑设计指标体系研究——以长三角地区为例（在研）
2016—2019	国家自然科学基金面上项目（51578377）：基于住宅工业化的公共租赁住房填充体系研究——以上海地区为例（在研）

规范标准

2010	审查《CSI 住宅建设技术导则（试行）》
2014	参编《绿色住区标准》(CECS 377: 2014)（建标协字 [2012]127 号）
2015	参编《装配式住宅建筑设计规程》（建标 [2009]88 号）
2016	审查《装配式混凝土建筑技术标准》（GB/T 51231）
	审查《装配式钢结构建筑技术标准》（GB/T 51232）

出版著作

1999	《世界集合住宅——新住宅设计》（周静敏 著）
	中国建筑工业出版社
2001	《世界集合住宅——都市型住宅设计》（周静敏 著）
	中国建筑工业出版
2004	《景观与建筑：融于风景和水景中的建筑》（孙力扬，周静敏著）
	中国建筑工业出版社
2005	Jingmin ZHOU. Urban Housing Forms. Oxford: the Architectural Press
2009	《中国人居环境金牌住区评估标准及案例应用》
	（开彦 等主编，周静敏 执行主编），中国建筑工业出版社
2012	《城市设计的新潮流》（周静敏 等译），中国建筑工业出版社
2013	《不同地域特色的农村住宅规划设计与建设标准研究》
	（李振宇、周静敏 编著），中国建筑工业出版社

/ 1997 年在英国约克大学与研究室同仁在一起

/ 1999 年在荷兰阿姆斯特丹调研途中

亲友评价

典型的白羊座，随性又任性，但知事理，且具有超强的集中力、忍耐力和执行力。

—丈夫

蛮酷的。多才多艺。是我们家的大 boss。对爷爷奶奶特别耐心，对她的学生也挺好，对老爸和我就一般吧（可能是为了锻炼我俩的独立能力？）。

—儿子

周静敏绝对是我所有闺蜜中最善于思辩、最多才多艺、最精力充沛的人。她是天生的老师坯子，相信她的学生入学时不一定是最优秀的，但毕业时一定是进步最大的。她不仅教学生知识，还教学生做人，教学生穿衣打扮、吃蟹品酒……。还记得她年轻时做的日本娃娃以及自己设计缝制的时装；记得她滑冰场上的英姿；舞台上的倩影；卡拉 OK 中的歌声……。不知道她何来的如此精力，把我们都搞得精疲力尽之后，她却又埋头于她的学问、文章、著作、科研、教学，处处硕果累累……

— 徐纺 闺蜜
（中国建筑工业出版社华东分社社长）

13 朱晓明 ZHU XIAOMING

现任

同济大学建筑与城市规划学院建筑系
- 教授、博士生导师
中国建筑学会工业建筑遗产学术委员会
- 学术委员
中国人类学会古村落保护与发展专家委员会
- 专家

研究方向

中国传统聚落保护与实践
基于建造与材料体系的中国工业遗产保护利用
国家政令与地方建构背景下的中国近现代建筑历史
欧洲建筑遗产保护理论
亚洲语境中的现代主义住宅与建筑师(1920s–1960s)

说话幽默，别人说我挺逗，但日常生活里难免有忙碌、疲惫，它来自个人的诉求及快速发展的时代。所幸的是我从事了少年立志、至今胜任的建筑专业，"小村、小弄、小人物""老厂、老矿、老人家"，它们共同使我接近建筑遗产的本质，感恩前辈，续接地气。我还有什么资格说烦和累，加油！

小确幸

早春三月, 天气暖洋洋的, 淡粉的花瓣全部撑开, 怒放出玫色的花。我正准备离开苏州, 通常每隔三周我会从上海回苏州看望90岁的父亲, 他是位资深老教授, 至今元气很足。"晓明, 有份东西给你。"父亲递给我一个牛皮口袋, 里面有一叠印有"哈尔滨建筑工程学院一系"抬头的稿纸。顺便插一句, 1985年我的父亲即为一系土木结构的教授, 家里有他的单位信笺。这叠稿纸竟然是我在高中时写的三四篇作文, 纸张已经泛黄脆薄。不是我刻意留的, 我就读的"哈三中"壁立江湖, 当年在里面的日子真不好过, 怎么努力也前进不了几名, 稍不留神就要垫底, 我不太会留纪念物。纸有些皱巴巴, 估计是当年被视为垃圾要丢掉的, 母亲捡了回来, 压在箱底30年, 逆向旅程, 我在那一刻重新看到了17岁的自己。"高考前的思索"为准备高考而作, 记叙了不怕苦, 要学工, 要做一名建筑师的理想。国家建设需要大量建筑设计的人才, 我几乎只填报了建筑学一个专业, "轴"得很。文中也谈到了为怕别人看见自己很"矬"的习作, 趁着没人, 早上四点跑到松花江边画凉亭的小事儿。实际上, 狠抓基本功我从未放松, 一个简单的动作, 持续做上二三十年, 质量也会不一样。结尾"撸袖子加油干": "时刻准备着, 当人民需要的时候, 胸有成竹地站起来! "口号式的表态具有时代特征, 但并不怎么奇怪, 个人理想与国家梦想紧密相连, 这是家传啊。

如今我已经成了无可救药的"您", 众神归位, 人们开始纠结的问题大多与世界观有关了, 大家关心的是养生之道、速成之法。其实很简单, 梦想重要, 开心也重要, 有时候呢, 我们真的需要一点无厘头的小幽默。既然真学成了建筑, 我的父辈、老师们将我领入这样一项美丽的事业, 我正正经经地干了25年, 重要的当然是保持兴趣、有能力尽己所能, 且为之坚持不懈, 我是十足的幸运者。1997年恩师阮仪三教授曾带领我在楠溪江古村落调研和进行设计, 当时中国古村落的保护与再利用研究刚刚起步, 村里保留了大量真实性很强的生活空间和乡土建筑, 阮老师带领我及同门所做的工作具有理论与实践的前瞻性。今天面对"留得住乡愁"的国家议题, 尤其如此。从名师影响尤著, 散落大江南北的古村落也映亮了我最初蜿蜒前行的学术之路，杂树生花，时有风景，我看到了高度，也一直试图领略新高度的魅力。

殷鉴不远、历史常青，奇妙的事情总留在后面。去年五月，带学生在浙江古村落调研，这种大量接触中国现实的现场踏勘就是日常教学的一部分，极为有助于师生共同成长。我的身边是两个英气逼人的男研究生和一个温婉地如同从日本浮世绘中走出来的女研究生。中午在村口小店就餐，餐毕结账。老板娘不假思索、略带羡慕地说："带儿子、媳妇出来啊。"我们这一代20世纪60年代生人对独生子女政策尽兴批判，但已经没人能拿出具体的行动计划。"小确幸"令我如沐春风，老师犹如一条穿越乱石的溪水，不刻意溅起水花，却以清冽、甘美的姿态滋润青苗成长——我视学生为亲人，永远与可爱的你们不期而遇。

/ 钢笔随笔

/ 1985年高考前习作

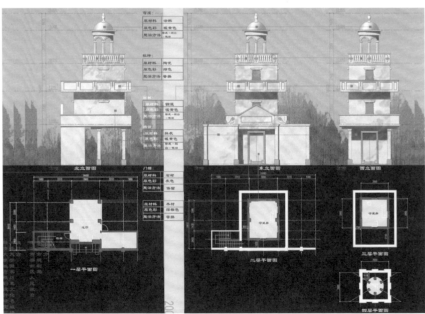

栖霞仙馆整治设计，中国历史文化名镇珠海唐家湾古镇保护与更新规划
2007年获珠海市勘察与设计竞赛一等奖，出版著作《寻找唐家湾》

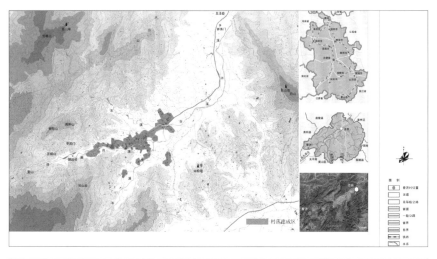

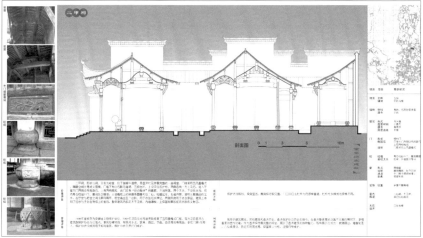

全国重点文物保护单位安徽泾县查济古民居保护规划
出版著作《一个皖南古村落的历史与现实》

学术年表

1989	获哈尔滨建筑工程学院（现哈尔滨工业大学）建筑系工学学士学位
1992	获哈尔滨建筑工程学院（现哈尔滨工业大学）建筑系工学硕士学位
2000	获同济大学建筑与城市规划学院城市规划与理论专业博士学位
2002—2003	英国诺丁汉大学建成环境学院访问学者
1992—至今	同济大学建筑与城市规划学院任教

主持科研

2000	主持浙江宁海前童古村保护规划
2001—2004	建设部历史街区调研领队
2006	主持珠海唐家湾历史文化名镇保护规划
2006—2007	京杭大运河里运河、中运河调研领队
2006—2008	主持四川合川中国历史文化名镇涞滩古镇保护规划
2006—2008	主持教育部人文社科基金"我国乡土聚落的节场"
2008	主持全国重点文物保护单位查济古村文物保护规划
2009	主持湖北谷城历史文化名镇保护规划
2010	挪威文化部木结构遗产保护国际培训
2011	山西平遥梁村中法历史建筑修复志愿者工作营领队
2012	江苏同里古镇中英历史建筑修复志愿者工作营领队
2015	主持国家自然科学基金"转型期我国近代煤矿工业遗产的历史研究与保护"
2017	主持江苏昆山中山堂保护与修缮设计

出版著作

2001　　　《历史·环境·生机——古村落的世界》（朱晓明 著）
　　　　　　中国建筑材料出版社

2002　　　《灵山秀水隐前童》（朱晓明 著），河北教育出版社

2006　　　《寻找唐家湾》（朱晓明、周苋编 著），同济大学出版社

2007　　　《当代英国建筑遗产保护》（朱晓明 编著），同济大学出版社

2009　　　《一个皖南古村落的历史与现实》（朱晓明 著），同济大学出版社

2012　　　《勃艮第之城：上海老弄堂生活空间的历史图景》（朱晓明, 祝东海 著）
　　　　　　中国建筑工业出版社

2017　　　《建筑大师自宅（1920s—1960s）及其遗产》（朱晓明, 吴杨杰著）
　　　　　　中国建筑工业出版社

1
2
3

1 2001 年在四川金沙江畔甲居藏族民居
调研途中
2 2010 年在上海步高里本科生建筑测绘
3 2011 年中法历史建筑修复志愿者工作
营在山西平遥梁村

亲友评价

我小的时候，听爸爸和爷爷讲了很多姑姑小时候求学的故事，那时候给我的印象姑姑是望尘莫及的努力和一股子钻研的劲头。长大以后自己接触到学术，跟姑姑的接触也更多，让我印象深刻的是姑姑对学术严肃且一丝不苟的态度。在平时生活中，姑姑对长辈十分孝敬。对小辈教育也有着长远的眼光，一直认为从小培养孩子开阔的眼界是十分必要的。

— 朱若愚（留德研究生） 侄子

/ 2011 年"同济—宾大"研究生联合设计在宾夕法尼亚大学汇报

同济大学建筑与城市规划学院建筑学博士
同济大学—柏林工业大学中德联培博士

左琰
ZUO YAN

14

现任
同济大学建筑与城市规划学院建筑系
– 教授、博士生导师
中国建筑学会室内设计分会（CIID）
– 理事
中国名城委工业遗产学部
– 委员
《中国室内》
– 执行编委
中国工艺美术学会明式家具专业委员会
– 理事
上海室内装饰行业协会
– 副会长

研究方向
建筑遗产保护与利用、室内设计

一位喝着黄浦江水长大的上海女人，30 年前进入同济
学习建筑，本科毕业后留校至今。性格率真，喜欢我行
我素，不走寻常路。年轻时追求新奇和时尚，曾做过多
年的室内设计师和室内杂志专栏主持，36 岁博士毕业
后全身心致力于建筑遗产保护和利用，曾发表专业文
章 70 多篇，出版著作 6 本。

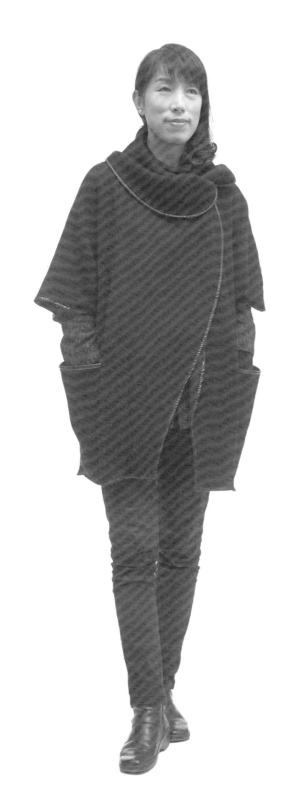

同济人生三十载

今年迎来了同济大学110周年校庆，也正逢我与同济结缘整整30年。这是一个激动人心的时刻，曾记得当年高考的作文题目——"有感于五十年前的今天"，考生需对"七七"卢沟桥事件所引发的抗日战争做出回应和思考，而此刻的我坐在电脑前，回忆这几十年来所走过的人生路，一幕幕往事像电影镜头般在我的脑海中浮现。

我热爱创新设计，擅长形象思维，中学里特别喜欢手绘时装画，若不是母亲的反对，我最初的理想是成为一名时装设计师。在父母的干预下，我转而报考同济建筑系新开设的室内设计专业，从此与同济结下了一生的不解之缘。大学时的我比较随性，偏科现象严重，感性的科目如画画、设计等学得轻松，相反重理性的数理分析科目就比较棘手。因为喜欢设计的缘故，我一心向往毕业后成为一名出色的专业设计师，为国内刚兴起的室内设计界作出自己的贡献。

十年的教师身份认同

后来，命运发生了戏剧性的变化。踌躇满志想从事设计实践的我却在毕业后阴差阳错地做了一名专业教师，留校任教的机会突如其来地降临到我头上，我是喜忧参半，喜的是我和大多数人一样都认为高校教师社会地位高，工作比较自由、不坐班，有三个月的带薪假期，唯一的缺憾就是薪酬不高；忧的是自己随性惯了，对能否胜任教师这一岗位缺乏信心，也对自己不能成为一线设计师大显身手而有些失落。刚工作的几年，年轻的我只想多学习提升自己，教学上做到尽心尽责，对自己的所知所学和实践经验会毫无保留地教给学生。由于和学生年龄相差不多，师生关系相处融洽，大家亲切地管我叫"大左"，我心里也美滋滋的。

随着年龄和阅历的增长，闲暇之余我的头脑里常会冒出一连串的问题：我从事教师工作几年，是否真正热爱过教师这个职业？作为一名教师，它的意义和价值是什么？如何做一个学生喜爱的好教师？这些问题萦绕在我心里已久，直到工作十年后才开始明朗起来。想想当年变身教师并非出于主动和自愿，里面掺杂着许多动机和因素，作了教师后只想着教师职业的利己之处，没有深入思考内心是否真正接受了这份崇高的职业、从而肩负起教师神圣的责任感和使命感。作为教师，要为人师表，传道、授业、解惑，而不是知识技能的简单传授，若教师自己对一些理念、观点和准则都一知半解或排斥拒绝的话，那又怎能让学生信服和接受呢？在某种角度上来说，教师和设计师只是岗位形式的不同，真正的优秀教师和优秀设计作品都应该传达出强大的正能量和社会责任心。如果说设计师是以物质空间环境的方式直接传递出这份价值观的话，那么教师则是用言行身教来启迪学生的心灵、激发他们内在的潜力，帮助他们建立正确的价值观，从而让他们成为一个个移动的"作品"去影响社会环境。这种间接影响社会的方式使得教师这份职业更具有创造力和挑战性，伟大的教育家孔子倡导的有教无类、因材施教充满了智慧，而灵活变化的教育形式本身就是一个高明睿智的教育系统设计。从懵懵懂懂成为一名教师到内心完全接受教师这一身份并拥有自豪感和使命感我用了长达十年的时间，这心智的转变过程经历了许多坎坷波折，甚至还产生了放弃和转业的念头。好在我坚持了下来，其实无论选择哪个舞台都是在展现和奉献自己的生命才华，所谓十年树木、百年树人，这正体现了教师职业的神圣和崇高，教师是值得大家尊敬和爱戴的。

事业与家庭的艰难平衡

作为一个有追求的年轻教师，我边工作边求学完成了硕士和博士学业，期间还参加中德联合培养博士计划赴德留学了一年半，大大开拓了见识和眼界，对专业问题和社会现象的思考也比以往深入许多。然而作为一名女性，尤其是在连接家庭和孩子的关系上却付出了不为人知的严峻代价。记得20年前我是挺着大肚子完成硕士论文答辩，而在孩子不满两周岁时就决定读博，备考期间往往要到晚上十点孩子睡下后才开始复习，白天带孩子几乎不能静心看书，在国外求学时孩子才五岁，每每视频聊天看到儿子可爱的模样心里就特别牵挂。为了顺利完成博士论文，父母给予我很大的支持和帮助，帮忙料理家务和照顾孩子以减轻我的后顾之忧，而爱人也默默支持我，努力赚钱给予家庭经济保障。万事有得必有失，在事业上投入的心血和努力所换来的成就背后往往是对家庭、父母和孩子责任上的亏欠。

这些年来，我始终想努力寻找事业和家庭的平衡，对外既想做一个称职的好教师，对内也想做一个好女儿、好妻子、好母亲，而这样的高要求非常人能胜任，需要有良好的心态和坚韧的毅力，外加健康作保障，但事实却不如人愿，努力工作的同时无形给自己超负荷的压力，紧张、焦虑、生气和自责的情绪像城市雾霾始终挥之不去，将我团团围住透不过气来。

45岁是我人生的转折点。这一年，母亲突然中风病倒，成为完全瘫痪、意识模糊的植物人，住院一年后回家由父亲和住家护工共同照料。我像丢了魂似的，生活重心和节奏也由此发生了巨大的改变，除了随时探望并协助照料外，心情也沉重压抑无法排解；这一年，自身健康也亮起了红灯，由于长期熬夜工作，透支了身体，全身酸痛，伴有日益严重的妇科疾病；这一年，孩子正逢中考，每天起早摸黑学习紧张、压力大，我作为母亲理应放下自己的焦虑情绪，帮助他排解压力，照料好他的生活起居，做他坚实的后盾。而那年的我处于各种问题的漩涡中心不能自拔，一边是老母亲病倒，一边是孩子中考，还有是自身健康下滑，我该怎么办？

残酷的现实狠狠地给了我一记当头棒喝，静下心来反思，自己哪里做

错了？为什么会这样？在接触修身养性和传统圣贤文化的一系列课程后终于明白我所从事的专业研究与我亟待修复的生命状态是一体两面，外在世界是内在世界的显现和反映，此刻的身体犹如一座摇摇欲坠的老房子，多少年来的不当使用致其衰败不堪、面目全非，若再不进行抢救性修缮就将面临完全崩塌的悲惨结局。我醒悟后唯一能做的就是全面调整自己的心态和生活方式，每天有静心的时间与自己相处，勇敢地承认和接受所有的错误和痛苦，不埋怨不逃避，不将责任推给他人，不断反省以升起忏悔心、感恩心，真正地从心底开始爱自己，关注身心的每个感受和变化，只有爱自己的能力提高了才有爱家人和他人的健康资本。想到这里，我又燃起了未来生活的信心和勇气，原来关心自己是为了更好地关心家庭和社会。对于工作和生活中的责任和担子该放下的要放下，该承担的也不要一人拼命扛着，抓大放小，可以与家人、朋友、学生共同来完成，要时常给自己减减压。

回归传统文化的课程设计

接触传统文化的因缘是源于2009年我的同事王凯丰老师的突然离世，系领导将他经营多年的传统家具文化课转交给我来讲授。为了实现王老师

的遗愿，也为了将中国传统文化得以延续和发扬，我义无反顾将该课承接下来，然而因常年生活的城市环境和教育体系受西方思想的熏陶和影响，我对中国传统文化了解甚少，面对自己不熟悉的领域，我必须对课程进行全面改革。师资短缺是最大的问题，课程改革后邀请校内外富有造诣的工艺家、家具商、文化学者、史学专家、家具设计师等作为嘉宾走进课堂为学生讲课，同时充分利用社会资源、加强校企合作，先后挂牌了两处传统家具工坊作为本课程的教学基地。作为一门选修课，课时有限加上学生专业宽泛使得课程设置上需另辟蹊径，避免传统教学中的僵化模式，注重培养学生打开视野，以社会、经济、民俗、文学、建筑、艺术等多维视角去看待和研究传统家具文化，建立批判性思维。为了进一步展现传统家具的榫卯结构和制作工艺，课程聘请了上海非物质文化遗产微型明清家具传承人吴根华老师来学院工坊亲自传授传统家具的榫卯结构制作技艺，大大提高了学生的学习积极性和动手能力。该课程深受广大学生的喜爱，2012 年和2016 年举办了两次校内外课程成果展示，得到大家的肯定和好评。

2011 年我又趁热打铁为研究生开设了另一门与传统文化相关的课程——茶文化设计课，作为传统家具课的姐妹课程，旨在启发学生对中国传统茶文化的认知，继而引发他们对自我生命的审视和对当代社会的反思，用茶为媒介反观内在精神诉求。六年来学生作业从最初可供三、四人品茶的茶亭装置到移动品茶的茶具收纳器再到以同济 110 周年校庆为主题的茶文化礼品设计，融合了建筑设计、空间设计、产品设计和体验设计等多学科的专业知识和技能。

致谢

我的同济人生可以说是顺畅的，这一方面归结于时代正处于一个高速转型和发展期，另一方面也得益于生命中几位恩师的指点和教诲。作为同济室内设计专业的创始人，以来增祥教授为首的前辈，包括庄荣教授、薛文广教授等在内都无私传授给我们许多宝贵的知识和经验，还有我的博士生导师常青院士、副导师李振宇院长、副校长吴志强教授等都给予我关心和支持，以及和我做了二十多年同事的室内设计教研室的老师们，我从心里涌起了一股强烈的感激之情，在母校110 周年校庆来临之际，深深地向他们表达我最真诚的感谢和敬意！

学术年表

1991	同济大学建筑与城市规划学院建筑系首届室内设计专业毕业，留校任教至今
1992—2006	担任杂志《室内设计与装修》特邀主持人和兼职记者
1998	获同济大学建筑与城市规划学院建筑设计与理论硕士学位
2002—2004	赴德国柏林工业大学攻读联培博士
2005	获同济大学建筑与城市规划学院建筑历史与理论博士学位

主持科研

2004	开设研究生新课"西方百年室内设计评述" 参与国家自然科学基金项目""风土建筑保护与更新的理论、策略和方法研究"
2009	开设新课"旧建筑再生设计策略"
2010	接手课程"中国传统家具与文化"
2011	参与编写国家"十一五"重大科技支撑计划子课题"历史建筑保护设计导则"室内部分
2014	主持青海大通工业遗产再生设计营
2012—2016	主持国家自然科学基金：基于特征要素鉴别与保护的历史建筑室内环境风貌保护评价体系与方法研究（项目编号 51278341）

出版著作

2007 《德国柏林工业建筑遗产的保护与再生》(左琰 著)东南大学出版社
2010 《西方百年室内设计 1850—1950》(左琰 著),中国建筑工业出版社
2012 《上海弄堂工厂的死与生》(左琰、安延清 著),上海科技出版社
2015 《城市与建筑的人文悦读》(左琰 主编),中国建筑工业出版社
2017 《西部地区再开发与"三线"工业遗产再生——青海大通模式的探索与
研究》(左琰、朱晓明、杨来申 著),科学出版社

获奖情况

2005 获 2005 年中国环艺设计学年奖最佳指导教师奖
2008 获 2008 年中国环艺设计学年奖最佳指导老师奖
2009 以毕业设计指导为基础的"历史建筑保护与再利用设计研究"课程获第
六届全国高等美术院校建筑与环境艺术设计专业特色课程实录交流展
优秀课程奖
2010 获 2009 年"进念设计"杯第三节上海大学生家居设计大赛明日之星园丁奖
获 2009—2010 学年同济大学三八红旗手
"室内设计原理"获上海市精品课程称号(第三主讲人)
2011 《西方百年室内设计 1850—1950》一书获 2011 年中国室内设计优秀著作奖
2013 同济大学闻学堂设计获第 16 届中国室内设计大奖赛 CIID 学会奖铜奖
2014 获同济大学建筑与城市规划学院第二届"冯纪忠教育基金年度教学奖"
获 2014CIID 室内设计 6+1 校企联合毕业设计优秀指导教师奖
获 2014 中国环艺设计学年奖最佳指导老师奖
2015 "以工程意识、人文思想和社会责任三合一为导向的建筑学专业课程群建
设与教学改革探索"获 2015 同济大学教学成果二等奖(第一完成人)
获同济大学 2015 届优秀毕业设计指导老师
获 2015CIID 室内设计 6+1 校企联合毕业设计优秀指导教师奖
获 2015 中国环艺设计学年奖最佳指导老师奖

代表作品

/ 在闻学堂茶室一隅泡茶

/ 主持传统家具学术对话

/ 2012 传统家具课程成果三年展

/ 传统家具学生作业：方凳 1：2

/ 传统家具作业：罗汉床 1：3

/ 2012 年茶文化设计学生作品展——茶亭

亲友评价

我人生最为困惑的几年，幸有左老师亦师亦友，用自身榜样的力量去感染我们，扮演好人生多重角色——为人女，为人妻，为人母。导师的陪伴教导使我拨开人生的迷雾，学会承担责任，锐意进取，心之向善，才有了这无穷的力量，而这正是导师赋予我们最为珍贵的结业礼物，必将成就我们未来的丰盛人生。

— 高玉凤 学生

面对这二十年来你最熟悉的人，真不知要怎么写。或许，就是因为熟视，所以常常无睹……当她提到"家人眼中的我"时，我几乎不假思索地脱口而出"一个不合格的你。"这是实话，一个就算在家里也整天在书房备课、写论文的人，怎么会是一个合格的家人？一个自己掏口袋也要安排学生参观的人，怎么可能是一个合格的家人？一个母亲卧床三年，除了繁忙的工作外，每隔一两天还要去探望并给母亲按摩，孩子的学习和成长便无暇顾及，应该也不能算合格的家人……但是，她应该是一位好老师！

— 戚琪珊 丈夫

左老师性格开朗，善于与人交流，对一切都充满热情，同济求学期间成绩优秀。作为她的大学同学，对她印象最深的是她对专业的热诚和对专业领域持之以恒的探究，这种孜孜以求的精神延伸到教学上便是对学生的尽心执教，谆谆诱导，直至达到专业要求。

— 杨晓绮 同学

公共话题

Q & A

谁都明白熬夜伤身，又听说夜间 2 点是人体钙流失的高峰期，尤其在你大脑高速运转的时候，钙的流失速度会更快。所以为了自己和家人的幸福安康，要避免熬夜。问题是手上那么多工作该怎么办，我想就必须提高白天的工作效率。说归说，遗憾的是我经常熬夜，白天在实验室面对各种事情，等能够坐下来，就到晚上了。我不是脑子很好用的人，从来不会才思泉涌，写东西慢如蜗牛，所以熬夜无法避免，但现在无论如何不会熬通宵了，实在也不是能够熬夜的年龄了。对于"女汉子""工作狂"的说法，是否有两种诠释，一种是对工作中有成就的女性认可，另一种就是对"像男人一样去战斗"职场女性委婉的嘲讽。总体来说，我还是认为男女在工作中因为性别角色的差异而工作方式会有不同，崇尚女性在工作中温柔可人、隐忍坚强、知性优雅、乐观积极的工作作风。有两位国际政治舞台上的女性领导人，值得我们称颂。一位是"手无寸铁，只有美丽"的泰国前总理英拉，依靠女性温柔的力量，传达非暴力抵抗的主张。另一位是拥有"独一无二的经验和洞见"的新任美国交通部长赵小兰，凭借强有力的领导和专业知识，成为两度进入美国政府内阁的出色华裔女性。相比较男性，女性更易于扮演好工作和生活的两类角色：工作着是美丽的，而生活中依旧能够绽放光彩。

Q1
选择建筑／规划／景观专业的，都避免不了加班熬夜，您对于"女汉子""工作狂"的理解是什么？

郝洛西

刘　颂

有的人熬夜是没有完成既定的工作，有的人熬夜是为了精益求精，不到最后时刻不停歇。对我来说，熬夜并不能提高效率，而且身体受不了，所以极少熬夜。化解的办法是针对第一种情况一般通过合理安排时间和计划来避免，而对第二种情况就只能通过调整期望值来解脱了。

我理解的"女汉子"是指性格大大咧咧、做事风风火火、不怕吃苦、少有传统女性的温柔、娴静与娇羞的女子吧。虽然不喜欢女汉子的称呼，但对工作有热情，不怕吃苦是任何一份工作都需要的，为什么不能既温柔娴静又踏实肯干，两者兼而有之呢？但我更不赞成工作狂，工作与生活，家庭与事业都是人生的一部分，合理安排并享受每一个环节才是圆满的。

Q2
谈谈这些年女性的社会角色 /
专业角色的变迁？

卢　永　毅

我看到很多领域有越来越多的优秀女性出现。人工智能时代，也许男女差异越来越小，也许差异以另一种方式呈现。

女性整体的社会角色从未发生根本性的变化,世界本身就以差异性的分工格局存在;但是她们生活的世界却日益丰富、多元,对职业女性尤其如此。当这个世界的色彩斑斓的光越多投射于她们时,她们也越有机会被照亮并焕发出引人注目的光彩。反过来讲,男性又何尝不是如此。

黄 怡

谈到这个话题,我特意环顾下家里,桌子上摆放的花瓶和餐具,大多来自Spin,每每出国给友人带些礼品,必选Spin。与其说对这个品牌的瓷器爱不释手,倒不如说我为这个极有辨识度的瓷器店老板的励志故事而感动。老板郭鸿志来自台湾,是一位留美归来的计算机博士。偶然的机会认识他,并得到他签名的两本自己写的书,《大德若隐》和《教育父母》,从中了解了很多 Spin 背后的人和事。47 岁那年,他创办了上海新都里 / 人间典藏餐厅集团,旗下的无二、穹六、萤七这三家餐厅成为小资人士最热衷的去处。今天位于上海康定路和陕西北路的交叉口的 Spin 门店,被境外旅游手册冠以"上海十大必去之地"的名号。

Q3
您有没有喜欢的设计品牌?
为什么喜欢它?

郝 洛 西

Spin 的现代设计加上景德镇的传统工艺，这些颠覆了传统的瓷器既保留了青白瓷的古典优美，又不失个性和设计感。产品清新典雅，精致实用，价格适中，或许从中可以找到中国传统瓷器新生的方向。传统、趣味、创新，应该是我喜爱 Spin 的三个理由。另外，我也特别认同 Spin 设计 + 实验的团队工作模式，将工坊里的设计师凝聚起来。我打心眼里敬佩那些坚持的人，靠执着把事情做到如此深度，而且在兴趣、设计、商业、市场间平衡的如此之好，Spin 令人折服。除 Spin 之外，我对如下品牌也情有独钟，它们是：秉承"光是建筑的第四维"理念的卓越灯具品牌 ERCO、创造中式时尚的 ShanghaiTang（上海滩）、以精湛工艺为商旅人士提供"追踪识别系统"服务的 TUMI、魅力非凡的纯银首饰设计 Thomas Sabo、崇尚个性和不同的彩妆艺术专家 M.A.C，以及带给顾客糅合了现代、经典、潮流及创意的 LinksofLondon，以上都是我喜爱和关注的设计品牌。

彭 怒

最近挺喜欢 Alexander McQueen 这个品牌。以前也喜欢 Alexander McQueen，喜欢鬼才的设计才能，但是这种喜欢也伴随敬畏和缺失感。敬畏的是，McQueen 对黑暗、死亡、哥特的迷恋引发的极端戏剧化的创造力过于强大和摄人心魄；感到缺失的是，建筑师清教徒式的对材料、形式的选择让我感到这个行业屏蔽了更多可能。最近喜欢它，是因为鬼才死了，他的女弟子莎拉 (Sarah Burton) 让这个品牌女性化、亲民化。在纽约时，买过一条 Alexander McQueen 围巾。围巾采用剪花工艺，并不是常见的骷髅头的平面印制图案，而是用阴影之中的大朵山茶花图案做背景，配以骷髅头、宝剑、箭矢、蛇、燕子和蝴蝶。每一种图像都可以理解为一个隐喻，依旧围绕着生与死的主题。以前是在图像中欣赏着 Alexander McQueen 的设计，现在通过使用，你与它建立了一种关系，这种喜欢就不同了，变成了生活的一部分。年轻时敬畏的是 McQueen 那种死亡的生机，现在喜欢的是莎拉为 Alexander McQueen 这个品牌带来的黑暗的绚丽。这种"黑暗的绚丽"，只有人到中年才可能真正体味和喜欢。

我特别欣赏校友吕永中老师在 2005 年创立的家居生活品牌"半木"，以木为聪，取半舍满是半木家居的设计哲学。所有的器物设计就和他本人一样温文尔雅，简单大气的背后深藏玄机。吕

左　　琰

老师认为，生活是一种隐藏无限禅机的世界，设计是设计师内在修行的外显，这些设计不仅仅是产品设计，更是承载了一种生活方式和文化精神，其富有禅意的系列东方设计为构建当代中国新的设计价值观和文化传承的使命提供了有力的示范和启示，值得我们学习和思考。

Q4
您的专业背景对您在认识城市和体验城市生活上有何影响？当您去一个陌生的城市时，最先想去的地方是哪里？

郝 洛 西

我目前从事的工作主要是光、颜色与视觉环境，因此对于建筑与城市最为关注的莫过于光与色彩了。这些年，由于承担城市夜景照明规划及城市环境色彩规划的缘故，我有机会深度走读了国内一些城市，如桂林、杭州、合肥、南昌等。处于专业上的需要，我也利用各种出国机会，游走了纽约、伦敦、巴黎、法兰克福、东京、首尔等国际大都市。城市的夜景是当今城市现代化建设和文明发展的一个标志，你很难想象如果城市的夜晚没有灯光，人类的生活将会变成怎样？光与照明赋予城市的社会文化属性，不仅保证夜间安全出行，而且提升城市形象、促进旅游经济发展。

来到陌生的城市，有三个地方一定要去可以帮助你快速了解城市的一切，那就是商业街、博物馆、超市。商业街是一个城市最为活跃的空间，是该城市繁荣的标杆，也是城市形象的名片，其城市的个性和魅力在此一览无余。博物馆是一个城市的灵魂，承载着这个国家和城市的历史文化，难怪人们总是说：想了解一个城市，那就从博物馆开始吧！超市，反映了当地居民的原味生活，可以直观了解当地居民饮食习惯、购物行为、消费水平。近年来，由于研究项目集中在人居环境光健康，所以对医院和养老设施更加关注，曾经专程参观过柏林心脏中心、曼谷的医院和美国新泽西的两家养老院。

以前去一个城市，首先要设法买到地图或旅游交通图，把城市的交通干道、主要河流、大型公园绿地的相对方位印在脑海。后来网络发达了，百度成了出发之前必看的，了解下城市的历史沿革，主要产业和旅游资源等，把城市的性格特征概括地勾勒出来。而今，许多城市都建了城市规划展览馆和历史博物馆，也成为有时间就要去的地方。

刘　　颂

十分幸运，父母送我读了建筑学专业，他们给了我第一次的生命及之后生命的养分。每到一座新的城市，我都会想到居住在城市里的无数个"家—花园—博物馆—街道—风景区"，这是我行走的动力源泉。

梅　　青

左 琰

我的专业背景从原来的室内设计拓展到历史建筑和街区的保护，而街道与街道、街区与街区最终形成了城市，所以我在城市体验时既留意到街道的形态，也会关注街区和单体建筑的使用状态，而这些都是构成城市活力的要素。在欧洲，城市之间的明智交通是火车。若到一个欧洲城市，先从旅游咨询中心拿张市中心旧城地图，徒步参观最佳。而中国，也许是专业研究的嗅觉所致，最先想去的地方是近代历史风貌保存较好的建筑或街区。

Q5
面对一批又一批学生的进进出出，对于自己年龄变化的感受是什么？

郝 洛 西

教师这个职业，最有趣的是会让你忘记自己的年龄，因为一茬一茬的学生，相对你来讲，越来越小。有时候课间时，我也会随意问问学生家长的年龄，学生的父母从原来比你年长，到现在逐渐比你年轻，这是一个非常奇妙的过程。毋庸置疑，老师总是处在一个让人只有知识、读书、进取，没有利益、冲突、争端的氛围里，学生们的稚嫩，学生们的简单，虽然这些不能帮助你驻颜，但是绝对能够保鲜，让你永远在单纯的环境中从事高尚的教育工作，就像永远徜徉在纯净的河水中。

我招的第一个硕士研究生是非洲留学生，比我还大一岁。现在招的研究生，已经比自己女儿都要小几岁了。实际年龄变化巨大，但内心永远不想追上。

卢 永 毅

俗话说，铁打的军营，流水的兵，从某种角度来讲，学校就像军营，教师是教官，学生是那流水的兵。所以教师面对的永远是朝气蓬勃的群体，当看到一个个懵懂少年，满载着知识与希望走向社会，成为国家栋梁，作为教师的成就感和幸福感也与日俱增。虽然有一天突然发现自己眼角起了皱纹，两鬓增添了白发，但心态好像从来没有变化，这也许是作教师的最大福利之一吧。

刘 颂

我曾经手把手地教过，在图纸和论文上折磨过昨天的鲜肉、仙女，今天的男神和女神，为青出于蓝而胜于蓝感到由衷地自豪，也总有老人家的虚荣心。

朱 晓 明

您是如何理解职业女性与家庭的关系的? 作为一个大学老师,谈谈对子女教育的看法。

彭　怒

刘　颂

陈 蔚 镇

对于大部分有家庭的女性来说, 无论她是职业女性还是全职妈妈, 家庭都是第一位的吧。

孩子在小学阶段还是挺开心的, 中学开始就很受虐了。孩子在杭州读的初中原来是杭二的初中部被虐得更惨我觉得, 孩子首先得身心健康地度过初中高中阶段, 保持并发展自己的特长, 在大学阶段找到自己真正喜欢的专业或方向。如果不能选择另外一套教育体系, 那么碰到的所有问题就当做是对心性的磨炼吧。

作为女性一定要有一份自己热爱的事业, 经济上的独立和精神有寄托能使女性更加自信自立和自强。但同时, 女性更是社会最小单元—家庭的一员, 为人妻, 为人母, 是维系家庭和谐幸福稳定的纽带。因此, 平衡事业与家庭的天枰是非常重要的。《老子》里有句话:"授人以鱼不如授之以渔", 对子女的教育也是如此, 父母能给儿女的有三样重要的东西: 强健的体魄, 适应社会的能力和学习的能力。

为人父母是世界上最难也最值得付出心力的事情吧? Parenting 的深奥学问与我们做大学教师的知识背景并没有什么关联, 至少我的个案如此。怎么做一个好妈妈, 我非常用心的学习了 11 年, 读书, 交流, 听讲座, 写博客, 可是到目前为止我估计连小学都还没毕业。但没关系，我很乐意永远学下去。在我内心，开一个学术会议的意义比起和女儿一起去上一次舞蹈课差远了，我的价值天平倾斜的非常严重，所以我觉得那些平衡了事业、家庭、孩子的女性真是个遥远的神话。

在 UBC 访学的那段时光我结交了两位非常可爱的巴哈伊朋友。这是一个非常重视儿童和青少年教育的宗教，晓松奇谈中曾提起这个美好的宗教，潘石屹和张欣、还有方大同都是巴哈伊。2014 年回国后，我女儿小麦在巴哈伊五角场社区开始了她的灵性课程学习。

在时代的洪流中，教育的扭曲是一个人人嘴上唾弃却又身体力行追逐的怪现象。如果可以和小麦成为一辈子的精神朋友，我愿意付出所有心力，去积累做一个好妈妈的智慧和能量，保护她的小宇宙自由生长，看着她的光芒绽放。

职业女性家庭和职业二者都得兼顾，身为教师得把本职工作做好，特别是有特长的教师，往往会在工上作多付出点时间，如果不多付出点精力和时间去做好事情，心里是很不安的。收获不会是等出来的，成果与辉煌是要靠拼出来的。但家庭也要照顾，在小孩幼小的时候会多付出点时间，小孩大了也就慢慢向自己的事业转向。

刘 秀 兰

Q7
您的学历和收入，与您先生的比较。

邵 甬

我的学历比他高，他的收入比我高。他让我有钱甚至倒贴钱去做一些有意思的事情。

Q8
除了工作和照顾家庭外，当您有属于个人的时间时，最喜欢干的事情是什么？去的最多的地方是哪里？您是如何平衡个人空间与工作和生活的关系的？

郝 洛 西

这个问题对我有两重的意思，一是我计划、心中所想；二是实际上我能够做的事情和去的地方。不停地规划，美美地期盼，这是我反复做的事情和常有的状态，到头来的"空欢喜一场"总是让我无比沮丧。如果有时间，我信誓旦旦要如何如何。可是真的有时间时，又体力不支。我经常开玩笑说，我唯一还有口气时，就只剩瘫在床上看电视了。有闲暇呢，特别喜欢读读新闻，看看国内外发生了什么。喜欢去购置花卉绿植，把家里弄得"花团锦簇"，邀请过往的研究生和好朋友，品尝我亲自下厨的"创新集成意大利面"。去的最多的地方，目前为止还是自己的"窝"吧，因为好少在家，所以格外恋家。喜爱家务劳动，喜爱整理收纳，喜爱家里温馨有调；喜欢看着玻璃窗上流淌的雨滴，也喜欢烛光摇曳，与友人一起，品茗小酌，只闻花香，不谈悲喜。如果有假期，喜欢出远门，特别渴望不带任何"作业"的旅行，而眼下的主要任务是探望父母和家人了。"投入地工作，快乐地生活"。这是目前我对工作和生活所抱有的态度。

80后/90后是与我们成长环境特别不一样的一代，她们不惧权威、敢想敢干、乐于分享、幸福指数高，完全不会像我们这一代人常常悲观忧虑、思想保守从她们生活追求工作选择交谈用语，就可以窥见一斑。当然她们也有她们的困惑和苦恼。我还是祝福她们吧，笑看生活中的苦涩，快乐地学习和成长，做一个独立进取、昂扬向上的独立女性！

寻找自己真正感兴趣的事情，坚持去做。不要随波逐流，人云亦云，那是浪费时间和生命。

专业学习固然重要，但还年轻的你们处于人生中最黄金的时期，要善待自己、爱惜自己的健康，要体恤父母的辛劳，做一个有孝心、有爱心、有社会责任感的青年。不要人云亦云随大流，对于自己认定的目标要努力去争取，对于结果如何不要计较，随缘就好，最后的成功会给到善于积累不言放弃的人。

Q9
给80后/90后的年轻女性有什么建议呢？

郝洛西

邵 甬

左 琰

图书在版编目（CIP）数据

伊：CAUP 的女教授们 / 同济大学建筑与城市规划学
院编著. -- 上海：同济大学出版社，2017.5

ISBN 978-7-5608-6891-2

Ⅰ.①伊… Ⅱ.①同… Ⅲ.①建筑设计 – 文集②城市
规划 – 文集 Ⅳ.① TU2-53 ② TU984-53

中国版本图书馆 CIP 数据核字 (2017) 第 082479 号

伊：CAUP 的女教授们

同济大学建筑与城市规划学院 编著

出 品 人　华春荣
责任编辑　袁佳麟
组稿统筹　孙　乐
封面插画　王禹惟
装帧设计　陈若瑜，林梦楠，张微
责任校对　徐春莲

出版发行　同济大学出版社 www.tongjipress.com.cn
　　　　　（地址：上海四平路 1239 号　邮编：200092
　　　　　电话：021-65985622）
经　　销　全国各地新华书店
印　　刷　上海安兴汇东纸业有限公司
开　　本　889mm×1194mm　1/32
印　　张　6
字　　数　161 000
版　　次　2017 年 5 月第 1 版　　2017 年 5 月第 1 次印刷
书　　号　ISBN 978-7-5608-6891-2
定　　价　48.00 元